雖然不捨，
還是要好好的告別。

愛貓的終末照護

前言

大多數的家貓都會比飼主更早離開世間。這並非不幸之事，而是很自然的現象。能夠在放心的環境下待在愛貓如癡（貓奴是也！）的飼主身邊畫下生命句點，站在貓咪的立場來看，不也是「在祝福中早走一步」？

不過這種想法畢竟是從貓的觀點出發，身為飼主恐怕無法如此淡然處之吧。

尤其是對第一次養貓的人來說，愛貓的生命所剩無幾這件事實在令人難以面對，即使努力接受了，接下來又會陷入巨大的不安之中，並心想：

「我能確實陪伴愛貓走完最後一程嗎？」

第一次面對這種事總是伴隨著許多的不安，而且事關愛貓無可取代的性命，斷不能出任何差錯！會擔憂究竟該如何是好，是再正常不過的了。

……開場白有點長，不過這本書出版的目的，就在於希望能多少減緩「第一次照護貓咪走到生命盡頭」之讀者的不安。

話雖如此，本書並非醫療指南或工具書，內容主要是描繪被確診為壽命將盡的家貓茂輔，與飼主鈴木從臨終期到送別的這段過程。

在獸醫監修之下，書中茂輔罹患的病症與相關治療方式相當普遍常見，鈴木的心情與行為（有些雖然稍嫌誇張）也盡可能貼近一般飼主的典型作風。

還請讀者們一同體驗鈴木所經歷的時光，並陪伴茂輔走完最後一程。

今後可能會發生何種狀況、自己能做些什麼、愛貓有什麼樣的需求、該如何做判斷等等，漫畫中所描繪的各種場景，若能在未來某一天面臨愛貓終末照護與送別時幫上讀者們的忙，實屬萬幸。

臨終期並非特殊時期，其實就是與愛貓共同生活的延伸。只不過，這段期間需要一些不同於平時的做法與技巧，因此本書也介紹了最基本的知識與資訊。

或許有讀者讀到茂輔死亡時會落淚。這些難過的淚水，相信讀者身邊的愛貓會以牠們的溫暖療癒各位。此時有愛貓陪伴左右真好——若本書能讓讀者確切感受到這份喜悅，我會很開心，同時也可告慰茂輔的在天之靈。

要透過本書消除所有的不安應該不太可能。不過請放心。當您拿起標題名為《愛貓的終末照護：雖然不捨，還是要好好的告別。》這種一般盡量不願多想的題材時，已經證明您是很有愛心的飼主，您的愛貓是很幸福的貓咪。請對自己有信心！

請與我們一起共度茂輔與鈴木所走過的特別時光吧！

愛貓的終末照護 雖然不捨，還是要好好的告別。

目錄

序幕

我與茂輔

3月20日
先下班囉。
辛苦了，幫我跟阿茂問好。
嗯，謝啦！
我叫鈴木，三十四歲，上班族。
還是單身，不過有家人要養。
CAT
那就是已經跟我一起生活十四年的公貓「茂輔」。
當我從公司回來打開家門時，茂輔一定會在門前等著我。

不，其實從前一陣子開始，
茂輔就不再為我等門了。
我回來了，
茂輔！
Z
啾
茂輔罹患了
名為淋巴瘤的疾病，
似乎難以痊癒。
不過，
牠倒是跟平常沒兩樣，
淡定地度過每一天。
我也只能
尊重茂輔的做法，
並為牠加油打氣。
我曾經感到
迷惘、困惑，
好不容易才
調適好心態。
這是關於我與茂輔之間的
友情故事。
嗯喵
（你回來啦）

Vol.1

餘命宣告

時間稍微往前推
2月1日
動物醫院
茂輔好像很不對勁，所以三天前帶來就醫。
淋巴瘤……
感覺茂輔有氣無力，而且還連吐了兩次。
腸道看起來有黑影，所以先採集細胞，送到檢查中心做檢驗吧。
抽血
照X光
超音波檢查
然後，今天聽了檢查中心所做出來的診斷結果。
確診為消化道型淋巴瘤，研判屬於高惡性的類型。
茂輔所罹患的淋巴瘤，也就是癌症，是T細胞淋巴瘤這種難以根治的疾病。

放著不管的話，
或許只能撐一到兩週……
使用抗癌藥物
進行治療
雖然難以消除腫瘤，
但至少可能讓茂輔
暫時恢復元氣。
沒其他方法了嗎？
好比動手術
之類的……
如果是其他癌症，
的確可以選擇動手術、放射線治療
或再生醫療等方式，
不過茂輔所罹患的淋巴瘤
並不適合這些方法……
醫師為我進行了
詳盡的說明。
然而我卻無法將醫師所說的話
與現實作連結。
茂輔……
快死了嗎？

我對自己的驚慌焦慮感到不知所措。
我知道寵物會比自己先過世，也曾想像屆時該有多悲傷。
從前我以為自己可以表現出成熟的態度，毅然面對……
咔恰
沒想到……此刻卻心亂如麻。
再說，
你回來啦
我真的有認真想過茂輔會死這件事嗎？
接下來會發生的事……
哇
茂輔表現開心的方式茂茂向前衝
緊急
煞車
嗯喵噢
令我恐懼——
我回來了
嗯喵
啾

為了消除恐懼，
我上網搜尋了許多資訊。
首先針對淋巴瘤，
再來是T細胞
以及治療方式。
是不是有
更專精此道的醫師……
有人說要尋求第二意見……
貓咪對抗病魔的部落格
比比皆是，
每隻貓咪都很努力，
可是……
網路上有關貓咪疾病的資訊過於龐雜，
有的很詳盡，有的很可疑，
愈發讓我感到混亂，
不知該如何是好。
結果還是難逃一死……
相關資訊這麼多，
卻找不到可以判斷
茂輔會不會有事的參考案例。
反而證實了
醫師的論點……
抱抱——
茂輔……
嗚嗚……
抱緊緊
……。
唔……

茂輔啊……
嗚…
唔…
茂…輔…
像個小學生一樣
哭哭啼啼、
淚流不止的三十四歲，
忍不住悲從中來的夜晚。
隔天早上
鬱鬱寡歡
打點滴中
別忘了�種預防針！
L動物醫院
哎呀呀……
這是狗狗？
還是貓咪？
幾歲了啊？
是貓，
十四歲了。
這樣啊，
真是令人難過。
不過牠在天上會
好好守護著你的。
…？
蛤！
……不是啦，
牠還活著呢。
咦？

交代完
來龍去脈
原來是這樣！
那根本沒必要哭嘛。
？
咚！
應該有很多要做的事吧。
要做的事？
是啊！
我什麼都不懂，真是個沒用的主人……
那隻小貓咪對你來說很重要？
……那當然！
這樣就不成問題啦！有些事只有你才能做到喔。
畢竟牠還活著呢！
塔莉雅女士，請進診察室～
啊呀～
那麼再見啦。
轉身

要做的事很多
有些事只有你才能做到
只有我才做得到的事……
那隻小貓咪對你來說很重要？
畢竟牠還活著呢
牠還活著……
鈴木先生～
驚
阿茂好乖喔－
嗯喵－
茂輔……
要回家了？
沒錯。
茂輔還活著呢。

與醫師討論後，決定了今後的治療方針。
首先進行第一輪的抗癌藥物治療，在家也要開始服藥。
還有不要讓貓咪在生活上有任何壓力。
嗯。
之所以能比昨天更冷靜地聆聽醫師的意見，是因為在網路上爬了很多文，多少具備了一點知識的緣故。
而且，剛剛那位女士所說的話，發揮了很大的作用。
現在在我眼前的茂輔還活著——
輕撫
輕撫
這讓我覺得無比幸福。
我們一起努力吧，
屁屁也要摸一下？
茂輔。
醫師，還請您多幫忙。
深深鞠躬
一起加油喔！
嗯。

那就從今天開始進行治療吧。
採用藥物合併使用的治療方法，輪番施打四種抗癌藥物，以免腫瘤記住藥性，導致藥效難以發揮。
一週後再進行兩次治療，再來是三週後，接下來是一週後……治療週期是不規則的。
手手的毛要先剃一些起來喔。
是打針的位置吧。
1cm × 3cm 左右
血液檢查和超音波也是
根據抗癌藥物的類型，還可分為點滴或口服等各種不同的施打方式。今天是靜脈注射。
治療室
請等待十五分鐘左右。
加油啊，茂輔！
不對，應該是加油啊，抗癌藥物！
打完了喔～
這麼快？
跟您收三萬日圓。
好……（貴！）
對了，也必須考慮金錢方面的支出……
我要刷卡…

遞出
？
剛剛那位是從事動物保護活動的志工塔莉雅女士，她請我轉交給您。
塔莉雅
090-OXOX
-OXOX
喔～是那位……
她對照顧貓咪很在行，為人又親切。
我們這裡也可以為您提供建議，
不過日常上的照護不妨請教塔莉雅女士。
好的！
保重喔。
阿茂再見啦！
辛苦你啦！
到家了ー
哦？
噓——
……
啪
尾巴習慣往上翹
津津有味
針劑已經發揮藥效了？

……
狼吞
虎嚥
茂輔一整個很有元氣啊！
!!
嗯喵
跳高高
無論是上廁所還是吃飯喝水，全都是為了存活所做的行為。茂輔根本不想死，牠想活下來。
沒錯，奇蹟說不定是有可能發生的。
很好！茂輔，我們一定要打倒淋巴瘤。
從今天起我要變身為超級飼主!!
喵嗚！
揮舞揮舞
好吃布丁
話雖如此，還是乖乖請教……
塔莉雅
090-OXOX
-OXOX
……
喂～～

保護放養貓，為其安排結紮手術與疫苗接種等，必要時也會提供治療，
並代為尋找認養人。與貓結緣至今大概有三十年了……說溜嘴。
還找不到飼主認養的喵星人，就帶回自宅照顧（目前有十四隻）。
至於保護過的貓咪數量嘛……數到一百隻之後就沒再數了……
座右銘是「**敬天愛貓**」。

鈴木的愛喵守則

在所剩的時間裡盡全力照顧。

不更換動物醫院，持續請目前的獸醫師看診。

每天量測、記錄茂輔的體重、食量和飲水量。

自己也要做功課。

暫時不要飲酒作樂（再說也開心不起來）。

考量到日後會請特休，現階段好好在工作上衝刺。

先將治療費上限設定為五十萬日圓

（達到上限後再衡量當時的狀況）。

無論發生任何事絕不在茂輔面前哭泣。

為了茂輔好，自己也要充滿朝氣。

仔細思考，不要出錯。

在塔莉雅女士的協助下，
我訂立了今後的方針。

愛貓上了年紀，
生了病，
即將死去。

如此簡單
又再自然不過的事，
要打從心底接受，
卻必須繞
這麼大一圈。

總算說服自己接受，
決定要好好照顧牠、
陪牠走到最後的此刻，
只希望自己，
千萬不要做錯任何決定，
所有事情都要妥善地處理。

獸醫師專欄 1

能夠治癒的疾病．無法治癒的疾病

根治可能性很低的疾病

這十幾年來，寵物醫療大有進步，治療的選擇更加多元化，能活得長壽的寵物也變多了。

另一方面，也有用盡各種辦法依然無法根治的情況。

例如，本書所出現的病例「消化道型淋巴瘤」，並不會立即威脅到貓咪的性命，抗癌藥物能收到預期療效的機率也很高，得以完全緩解症狀*，發病後還能存活數年的個案亦不在少數。不過，茂輔的基因檢測結果為「T細胞型」，屬於高惡性的類型。遺憾的是，罹患T細胞淋巴瘤，等於可以預期寵物的餘命已剩下不到一年。

這樣殘酷的現實，對飼主而言是很難以接受的。尤其是第一次養貓的人，大多會感到震驚慌亂，讓進行宣告的醫師也覺得於心不忍。

即便如此，只有飼主才能照顧愛貓走完最後一程。或許讀者們不太願意想到這件事，但還是希望大家能建立基本的疾病知識、收集相關資訊，以備不時之需。不安能夠透過了解來獲得緩和，也能對預防或早期發現有所幫助。

※緩解症狀＝腫瘤變小，暫時恢復健康狀態。若症狀完全消失，則稱之為完全緩解。

早期發現是關鍵！出現這些症狀時須注意

食慾不振
發抖
動作搖晃不穩
飲水量有變化
體重減輕

平常保持互動、接觸，觀察貓咪的行為模式，若發生變化請立即就醫！

攸關性命的主要疾病

●惡性腫瘤「癌」可分成幾種類型

○淋巴瘤

掌管免疫功能的淋巴球細胞發生病變，除了「消化道型」、「多中心型」、「縱隔型」之外還有其他分類。若出現食慾不振或腹瀉、嘔吐等症狀時就得留意。

○鱗狀細胞癌

出現在鼻子、眼皮或耳朵等皮膚色素較淺的部位，以及牙齦、舌頭等口腔內的腫瘤。腫瘤變大時會隆起、出血，甚至出現深入骨頭的現象。常見於白毛貓，會伴隨掉毛或潰瘍症狀，飼主通常能夠加以察覺。

○乳腺腫瘤

發生在乳腺的腫瘤，好發於沒有動過結紮手術的母貓，據聞有九成的機率是惡性。乳房有硬塊，硬塊變大後會出現變色或出血症狀。

●慢性腎臟病

腎臟功能衰退，無法將毒素完全排出體外的疾病。難以根治，但能透過早期發現延緩病情惡化。若尿量增多、飲水量增加時，請就醫接受診斷。

●甲狀腺功能亢進症

新陳代謝變得過於旺盛的疾病，容易導致心臟或肝臟受損。病情惡化時，吃再多還是容易變瘦，還會變得好動、好攻擊。當貓咪情緒莫名亢奮、指甲長得很快、確實進食卻還是變瘦時，就得多加留意。

其他像是心肌病變或糖尿病等，威脅性命的疾病眾多，且可細分出許多類型。

目前坊間有關貓咪的醫療指南或疾病的相關書籍很多，想了解詳請的讀者不妨加以利用參考。透過網路蒐集資訊時，未經過調查與佐證的文章也常魚目混珠於其中，記得多方瀏覽、比較，找出值得信賴的資訊。

獸醫師專欄 2

末期所能進行的治療

積極治療與對症治療

病名確定後，會由獸醫師與飼主來決定治療方針。因應疾病與症狀所擬定的治療方式通常有基本準則可遵循，不過根據飼主的考量、家庭因素，以及貓咪的年齡、個性、病史等，會再衍生出不同的最佳治療方式。

另外，治療還可大致分為積極治療（對因治療）以及對症治療這兩大類。

積極治療指的是透過手術或抗癌藥物等，消滅造成疾病的根本原因，目的是為了治癒疾病。如果採取動手術的方式，手術成功便可望獲得顯著的療效。不過，術前全身麻醉或術後併發症、體力衰弱等風險也並非為零。

另一種對症治療，目的在於抑制或減輕嘔吐、腹瀉、食慾衰退等症狀。這種治療不會命中病灶，無法期待根治，卻能解救寵物免受日常的疾病苦楚。而且，透過這種治療讓寵物恢復基礎體力之後，身體也可能恢復原有的自然治癒力。

針對末期的重症貓咪主要採用對症治療的方式，不過像茂輔那樣，為了減輕症狀或為其延命，而採用抗癌藥物治療的個案也不少。

對症治療的效果雖然只有一時，但貓咪能因此再度充滿活力、吃得津津有味、並跳上貓跳台玩耍，其實也不能說不算一種幸福。

尋求第二意見

有時除了固定配合的獸醫師之外，也會想聽聽其他獸醫師的意見，或是基於某些因素，無法信賴目前的獸醫師診斷，而想另請高明。遇到這種情況時還有尋求「第二意見」的選項，也就是請不同醫院的獸醫師看診，聽取其建議。

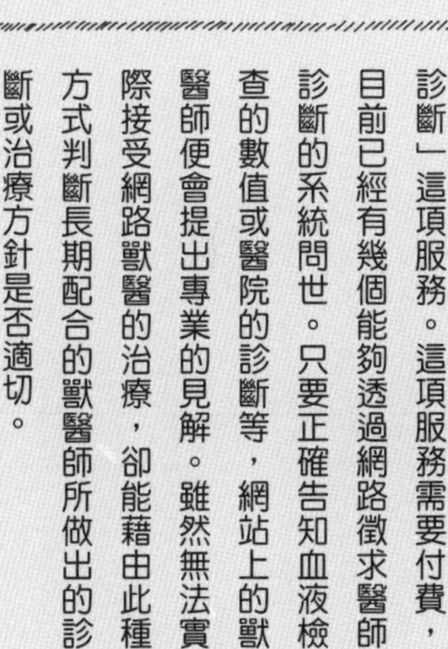

若居住城鎮或地區只有一家動物醫院，沒有其他選擇時，不妨活用「網路診斷」這項服務。這項服務需要付費，目前已經有幾個能夠透過網路徵求醫師診斷的系統問世。只要正確告知血液檢查的數值或醫院的診斷等，網站上的獸醫師便會提出專業的見解。雖然無法實際接受網路獸醫的治療，卻能藉由此種方式判斷長期配合的獸醫師所做出的診斷或治療方針是否適切。

與獸醫師建立信賴關係

不過，一旦改看其他家醫院，有些人可能會覺得再回去原本的醫院頗為尷尬。而且真為貓咪設想的話，與其換來換去，還不如在熟悉的醫院就診可能比較好。

最重要的是貓咪的身體狀況。若有哪裡感到有疑問或不安，應該對醫師仔細說明，在心無罣礙的情況之下進行治療。聽不太懂醫學術語時也應直說，問個清楚。如果可以，最好在貓咪還健康時，便定期帶往醫院剪指甲或做健康檢查等，與獸醫師建立信賴關係。

貓前輩的知識百寶袋 1

緊要關頭就是飼主該有所表現的時候！

像塔莉雅女士那樣擔任志工、從事動物保護活動的人士，或是寵物保姆、動物照護師等，往往都是透過醫療以外的途徑頻繁與動物接觸，而培養出深厚的知識。

根據豐富經驗所得到的獨門訣竅或技巧，往往受用無窮。本篇將介紹已臻達人境界的「貓前輩」所傳授的、與貓咪共度幸福時光的祕訣。

盡早思考「生命有限」這件事

被宣告愛貓來日不多時，沒有人會覺得無關痛癢。尤其是所養的「第一隻貓」，飼主情緒應該會更加激動。就算頭腦能理解，真正面臨此事時，即使是成熟的大人也會感到不知所措。傷心沮喪在所難免，可是後續該怎麼做，就得靠飼主發揮真本事了。治療方面可以託付給醫師，但日常照護方面有很多事只有飼主才能做到。畢竟世上最了解這隻毛小孩的就是飼主。

人在面對未曾體驗過的事物時，會抱持著巨大的不安或恐懼。有些人甚至會做出出人意表的行為。

若盡早意識到「生命有限」這個事實，不但能確切感受到眼下寵物還健康有活力的時光是多麼珍貴，當那一天真的來臨時，心裡也能有所準備。臨終期的照護不只涉及貓咪，還會對飼主後續的人生帶來影響。

過於傷心……飼主的不可取行為

醫院看過一家又一家

飼主為了求心安而一再到不同的醫院就診。這種心情不難理解，但對貓咪而言是很大的負擔。尋求第二意見、在大學附設醫院等接受二次診斷，頂多做到這樣就好！

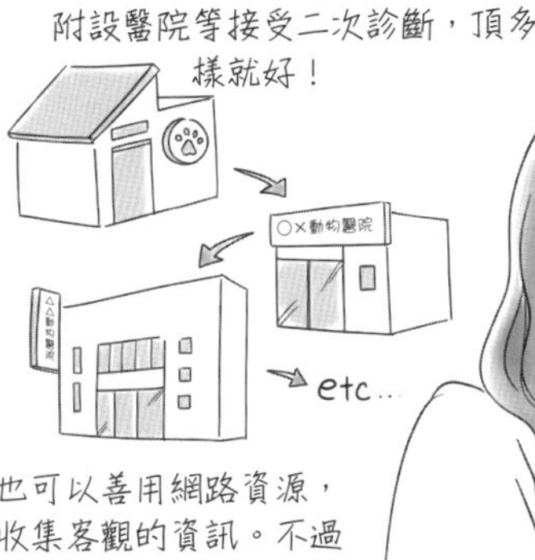

也可以善用網路資源，收集客觀的資訊。不過網路上充斥著真真假假的訊息，必須確認該網站是否值得信賴。

放縱自己的情緒

不要因為大受打擊而每天沉浸在悲傷裡，忙著安撫自己的情緒之餘，很容易疏於照顧生病的貓咪。

還有很多可以為貓咪做的事！不要灰心氣餒，應該先好好對待毛小孩。

求神問卜

不要輕信療效未獲證實的方法或產品，而忽視了必要的治療與照護。這麼做或許可讓心情稍微輕鬆一點……但還是適可而止才好！

從此再見

千萬不要因為不想看見愛貓虛弱或死亡的過程，而棄養或送往動物之家。相信正在閱讀本書的讀者，應該不會有人想這麼做才對！

Vol.2

舒適的環境

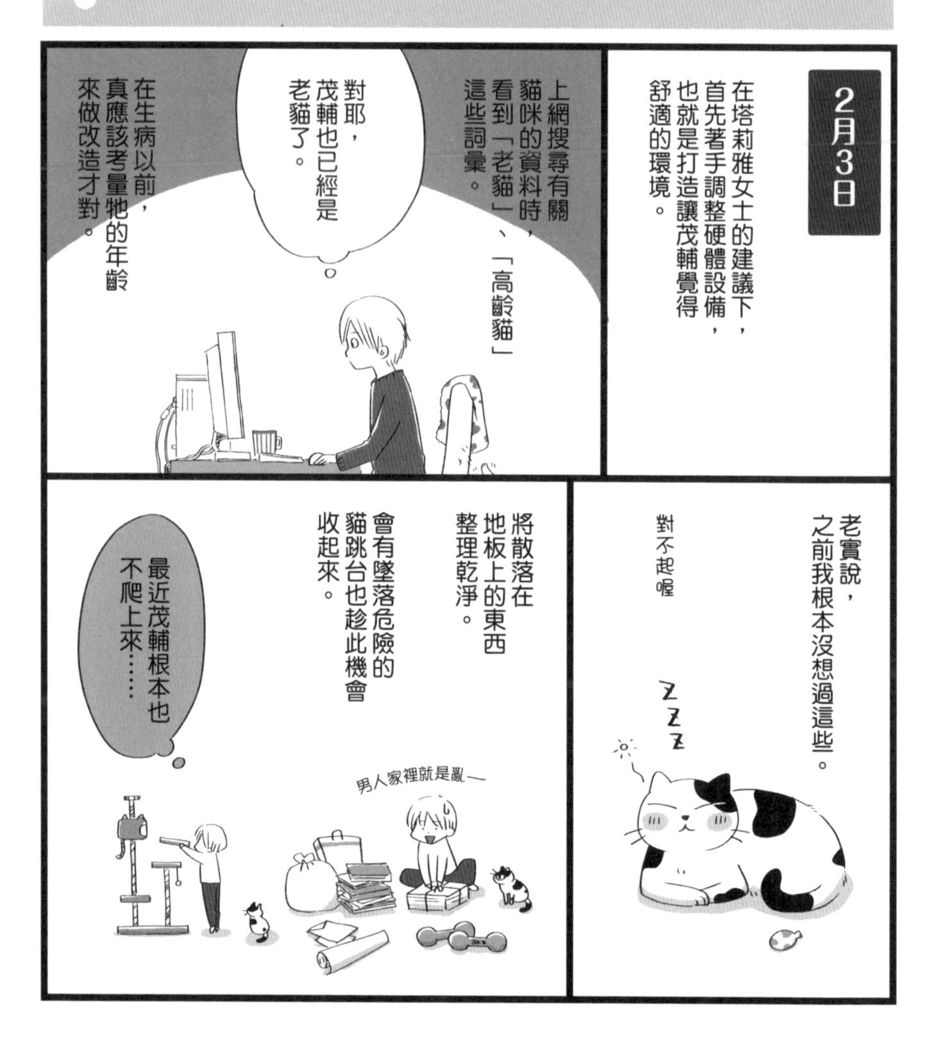

2月3日
在塔莉雅女士的建議下，首先著手調整硬體設備，也就是打造讓茂輔覺得舒適的環境。
上網搜尋有關貓咪的資料時，看到「老貓」、「高齡貓」這些詞彙。
對耶，茂輔也已經是老貓了。
在生病以前，真應該考量牠的年齡來做改造才對。
老實說，之前我根本沒想過這些。
對不起喔
ZZZ
將散落在地板上的東西整理乾淨。
會有墜落危險的貓跳台也趁此機會收起來。
男人家裡就是亂—
最近茂輔根本也不爬上來……

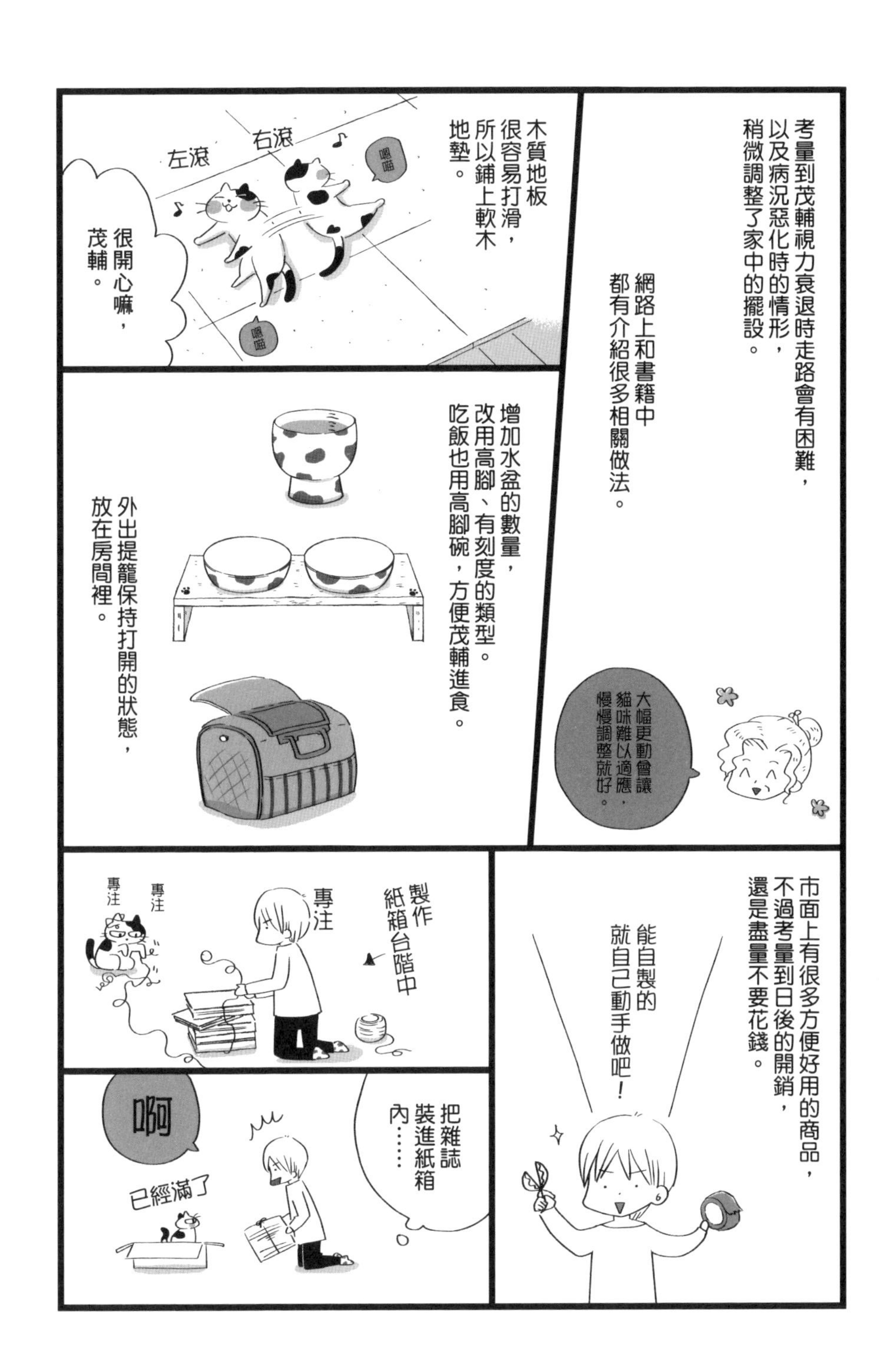
考量到茂輔視力衰退時走路會有困難，以及病況惡化時的情形，稍微調整了家中的擺設。
網路上和書籍中都有介紹很多相關做法。
木質地板很容易打滑，所以鋪上軟木地墊。
右滾
左滾
嗯喵
嗯喵
很開心嘛，茂輔。
大幅更動會讓貓咪難以適應，慢慢調整就好。
增加水盆的數量，改用高腳、有刻度的類型。吃飯也用高腳碗，方便茂輔進食。
外出提籠保持打開的狀態，放在房間裡。
市面上有很多方便好用的商品，不過考量到日後的開銷，還是盡量不要花錢。
能自製的就自己動手做吧！
製作紙箱台階中
專注
專注
專注
把雜誌裝進紙箱內……
啊
已經滿了

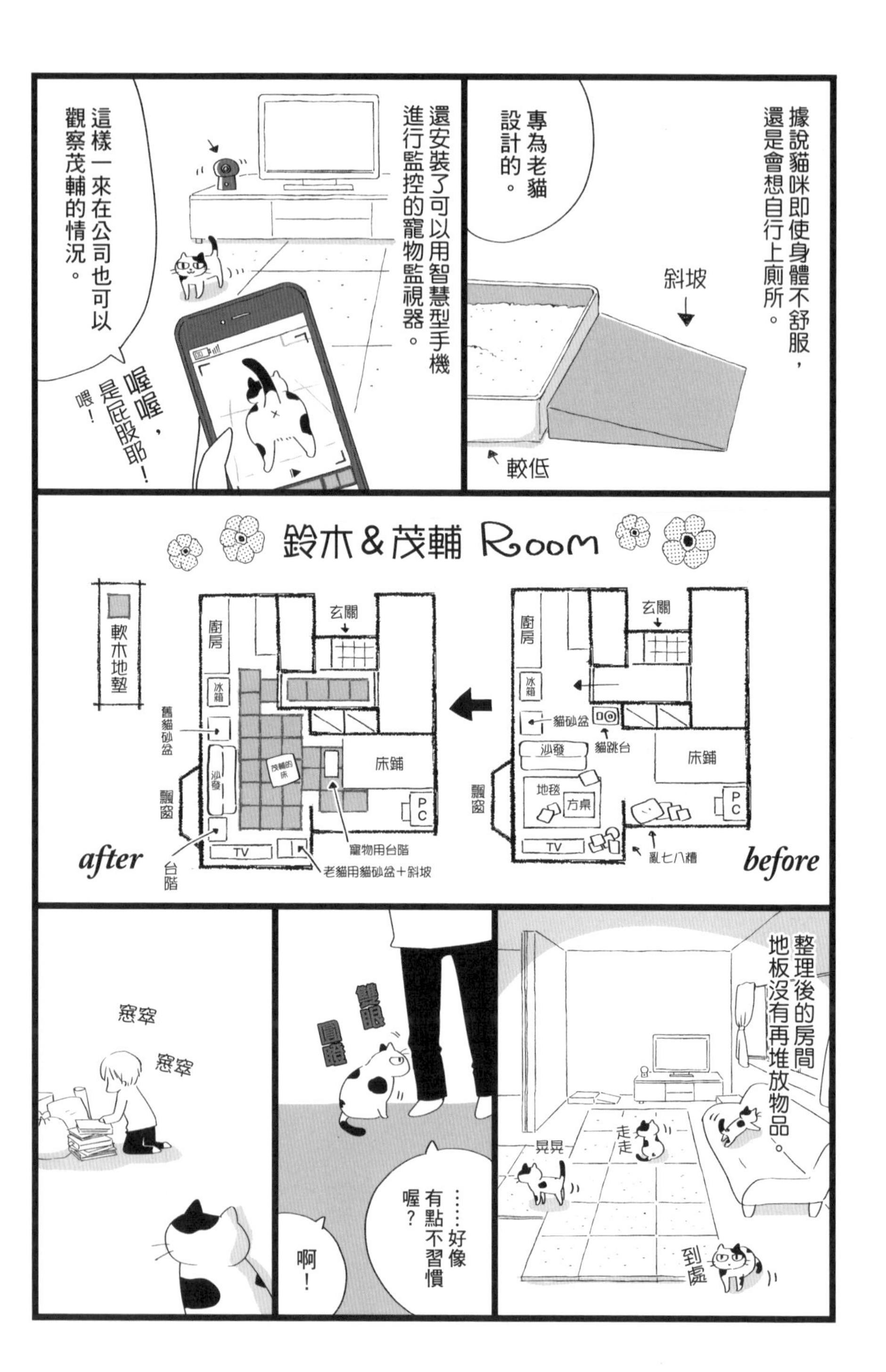
據說貓咪即使身體不舒服，還是會想自行上廁所。
專為老貓設計的。
斜坡
較低
還安裝了可以用智慧型手機進行監控的寵物監視器。
這樣一來在公司也可以觀察茂輔的情況。
喔喔，是屁股耶！
喂！
鈴木&茂輔 Room
before
玄關
廚房
冰箱
貓砂盆
貓跳台
沙發
床鋪
地毯
方桌
PC
飄窗
TV
亂七八糟
after
玄關
廚房
冰箱
舊貓砂盆
沙發
茂輔的床
床鋪
PC
飄窗
TV
寵物用台階
老貓用貓砂盆＋斜坡
台階
軟木地墊
整理後的房間地板沒有再堆放物品。
晃晃
走走
到處
雙眼圓睜
……好像有點不習慣喔？
啊！
窸窣
窸窣

這塊座墊可是丟不得的。
嗯！
自以為大王嗎……！
茂輔御用座墊
（沾滿貓毛、貓味、貓口水）
茂輔，岩合先生的節目開始了喔。
貓咪漫步全世界
茂輔超愛看岩合先生的節目。
吼——靠太近了吧！
嗯喵
嗯喵
嗯喵
換個位置
坐在這裡就能看清全部。
這個一房一廳的小小空間，是茂輔的全世界。
只希望牠多少能過得舒適一點。

打造能讓貓咪安心的環境

無障礙&零壓力

貓喜歡往高處爬。的確，幼貓擁有驚人的跳躍力，很愛上竄下跳。即使偶爾失足，還是能從容俐落地落地，讓飼主看得心驚之餘，也很容易認定貓咪就是擁有此種天性。然而，這樣的習性僅限於年幼、有活力的時期。八、九歲的貓咪已屆高齡，再加上若是患病，就必需重新考量一些硬體的條件。

像鈴木那樣，住處為單層公寓是比較好處理的，若為獨棟住宅，舉凡樓梯或樓中樓設計等，具有墜落危險性的結構頗多，視貓咪的年齡或病情，可能也需要設定禁止貓咪進出的區域。

家中不只養一隻貓時，請準備籠子等用具，為老貓確保不會被其他貓咪打擾的安穩休息場所。

不過，貓咪很排斥環境的變化，所以請不要一次來個大改造，循序漸進、慢慢更動才是比較理想的做法。

已屆高齡或生病時，首先該調整的是睡窩、貓砂盆和食盆。接下來是減少高低落差、調整地板材質和動線來確保貓咪暢行無阻，徹底建構無障礙空間。

話雖如此，只以安全考量為重的環境感覺很無趣，請盡可能配合貓咪的喜好或習慣，打造零壓力的環境。

為患病＆高齡貓打造生活環境

貓跳台看是要撤掉或移到別的地方。
年幼時玩得很開心的場所也有可能變成危險地帶，最好禁止貓咪進出，畢竟愛牠就要保護牠的安全。
water
台階
貓咪想往高處爬時，不妨活用台階。市售商品種類齊全，也可以自己動手做！
籠子
若家中有養其他貓，要為老貓準備籠子作為放鬆休息的地方。選擇非架高的類型，除了入口以外皆以布幕覆蓋。
地板材質
市面上有許多保護貓咪關節或肉球的商品。可以選購拼裝地板，替換也很方便！
water
food
還有防水型
食盆
食盆請準備高腳類型的碗盆，並多增加幾個飲水定點。
睡窩
睡窩是貓咪待最久的地方，必須舒適才行。除了有各種貓咪喜愛的款式之外，還有分散體壓或預防褥瘡的商品！活用外出提籠也不失為一個好方法！需設置在飼主隨時都能看見的地方。

Vol.3

餵藥

除了在醫院接受抗癌藥物治療外，在家也必須開始同步服藥。
藥方為治療用的類固醇、胃黏膜保護劑、抗生素這三顆藥錠。每錠都被切割成小顆粒，可是卻讓我陷入苦戰。
拌在飯裡
一粒都沒少
塞入口中
呸
演變到後來……
靠近
後退
接近→逃走
你追
我跑
強行灌入口中
掰開—
超級不爽
換爸爸鬧脾氣
茂輔啊……

這不是要害你的東西，是為了讓你恢復健康喔！
嗯喵哞哞
茂輔變成了牛
……茂輔一定覺得，這關牠什麼事。
貓　餵藥
搜尋
點擊
哇！原來有這麼多方便的東西。
餵愛貓吃藥
喔，還有餵藥輔助劑特輯耶！
透過關鍵字「貓　餵藥」再搭配一些字句多方查詢後，偶然在某個貓咪抗病的部落格，發現了把藥裝入膠囊的做法。
將藥錠裝入膠囊內簡化成一粒！
對耶！原本的三顆藥裝進膠囊後，就變成一粒而已，有助於減輕茂輔的負擔。
就用這方法！
空膠囊在藥局或網路上都能買到。
…竟然裝不進去！
藥錠比膠囊大

不知道能不能拿掉一顆藥？
不行，還是跟塔莉雅女士確認一下。
你在幹嘛呀
磨成粉嗎？
對耶！好，我再問一下獸醫師。
敲敲
敲敲
可以裝成膠囊喔。開給茂輔的藥都是可以磨成粉的。
醫生一陪我玩嘛——
藥物種類琳瑯滿目，有些可以磨成粉，有些不適合；有些可以裝成膠囊，有些則不行。
用湯匙磨成粉
研磨
壓碎
緩緩倒入膠囊內
OIL
參照網路上的做法，沾一點橄欖油，直接往茂輔的喉嚨深處投射。
咕嚕
吞下去了！
而且還一次搞定！

膠囊填充大作戰真的挺不賴！我裝膠囊的技巧也不斷地進步。

鈴木鉅獻　終極膠囊填充術！

利用「磨藥器」將藥錠Ⓐ磨成粉。

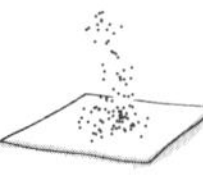

用筷子在保麗龍板上戳洞，將膠囊下殼塞進戳好的小孔，先裝Ⓑ藥錠。

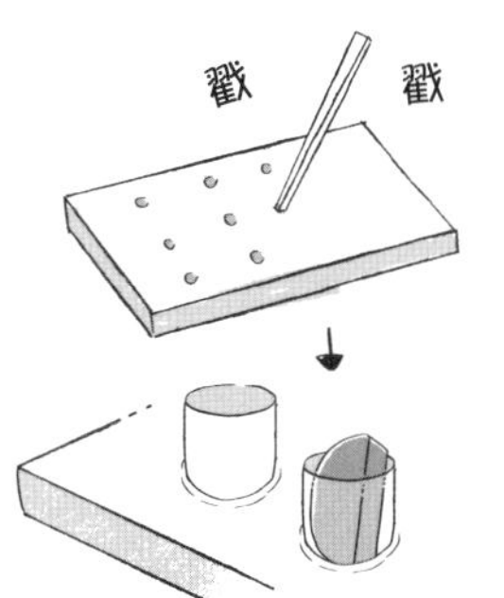

大小剛好的就直接放進去

接下來，用小漏斗裝入已成粉狀的Ⓐ藥錠。

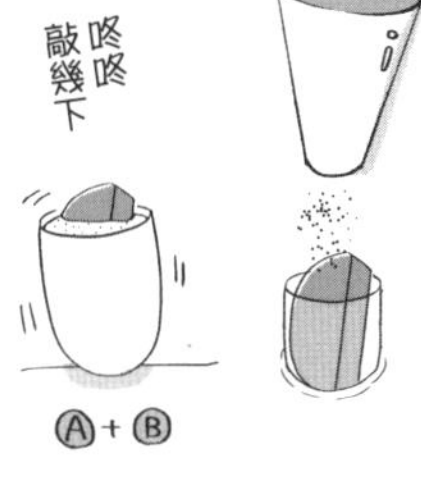

再放入Ⓒ藥錠，蓋上膠囊的上蓋。

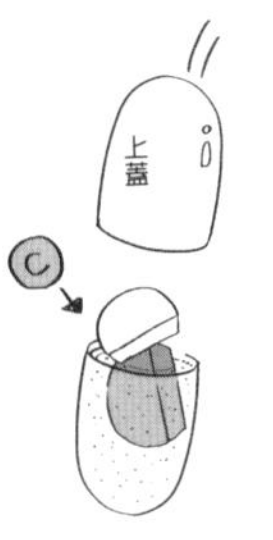

完成了——

裝入小袋中，一週份的用藥準備ＯＫ。

經過一個禮拜，茂輔也已有所警覺，變得不太願意張口。

我試著改沾牠很喜歡的液狀點心來取代橄欖油。

很配合地
吞下

餵貓吃藥若是不斷失敗，聽說會愈來愈棘手，這下總算可以放心了。

貓前輩的知識百寶袋 3

千方百計也得把藥送進貓咪的肚子裡

餵藥是飼主與貓咪的大鬥法

有餵貓吃藥經驗的人都知道這件事有多麼困難。也是有餵起來很輕鬆的毛小孩，不過機率很低，大多數都會激烈抵抗，或完美地脫逃，讓飼主傷透了腦筋。視疾病而定，有時一顆小小的藥丸就如同救命仙丹，千哄萬哄也要拜託毛小孩喝下去才行。

拌在飯裡或點心內、善用膠囊或果凍、糯米紙等，或是把藥物磨成粉做成糖漿……務必多方嘗試，找出最好的方法。

若貓咪有所反抗，先暫停餵藥，等貓咪恢復情緒再說。假如彼此僵持不下的話，有時也會對飼主與貓咪的關係產生影響。當你一臉緊張、神色凝重地接近貓咪時，貓咪也會有所警覺。

面對態度兇猛的毛小孩，可以用毛毯或浴巾予以包覆，試著讓牠們暫時放鬆、休息一下。市面上雖然有各式各樣方便的商品，但只要習慣成自然，對飼主以及貓咪而言，最快速又輕鬆的方式就是張口吞嚥的餵法。餵完藥劑後立刻將液狀點心放上貓咪的舌頭，在牠沒有察覺到吃藥的情況下完成餵藥。

如果怎麼樣都無法順利完成，也可以固定上醫院服藥。不過，患病後往往要吃上很長一段時間的藥，還是趁著健康時先用保健食品或點心進行練習。

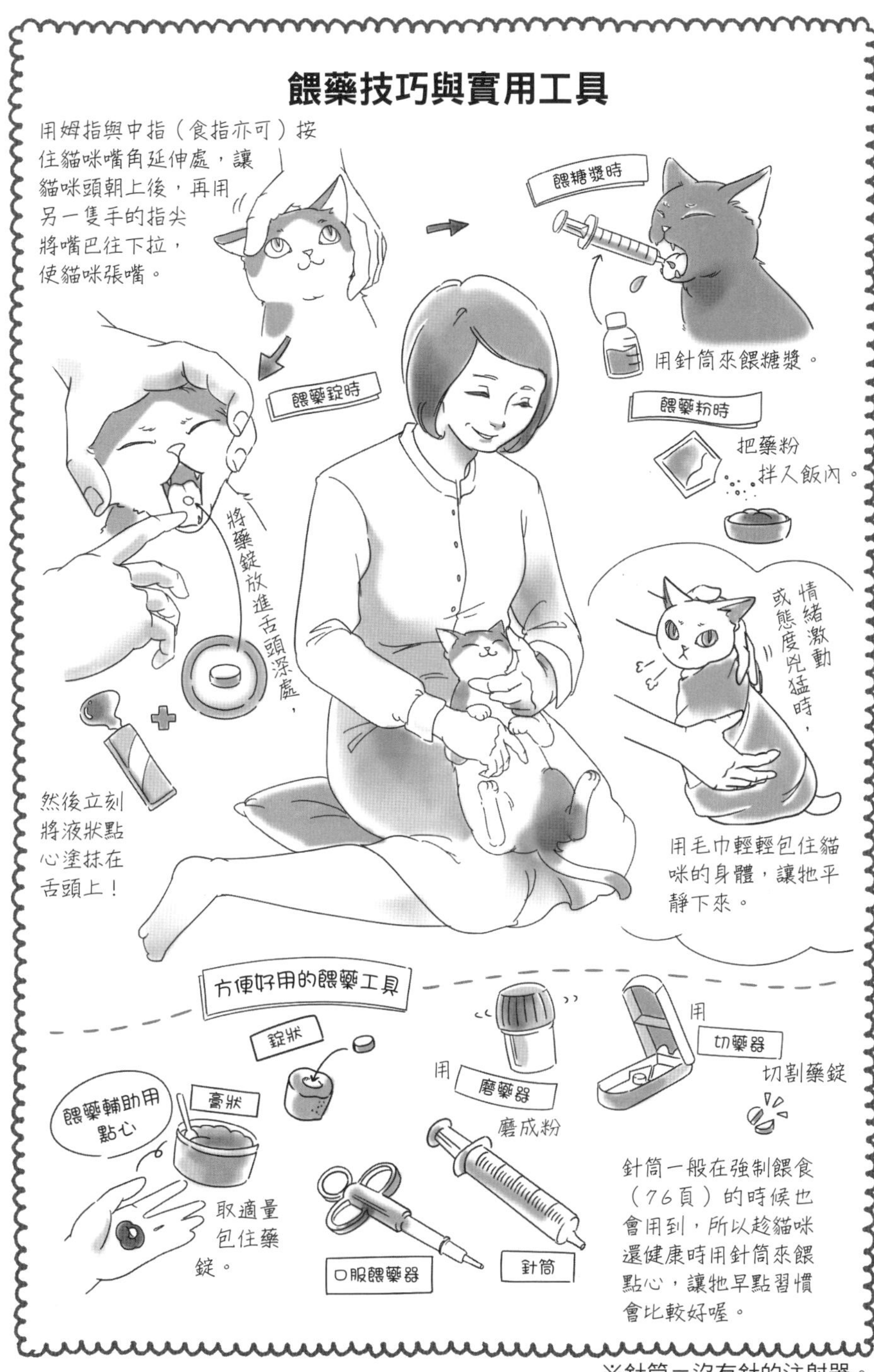
餵藥技巧與實用工具
用姆指與中指（食指亦可）按住貓咪嘴角延伸處，讓貓咪頭朝上後，再用另一隻手的指尖將嘴巴往下拉，使貓咪張嘴。
餵糖漿時
用針筒來餵糖漿。
餵藥錠時
將藥錠放進舌頭深處，
然後立刻將液狀點心塗抹在舌頭上！
餵藥粉時
把藥粉拌入飯內。
情緒激動或態度兇猛時，
用毛巾輕輕包住貓咪的身體，讓牠平靜下來。
方便好用的餵藥工具
錠狀
餵藥輔助用點心
膏狀
取適量包住藥錠。
用
磨藥器
磨成粉
用
切藥器
切割藥錠
口服餵藥器
針筒
針筒一般在強制餵食（76頁）的時候也會用到，所以趁貓咪還健康時用針筒來餵點心，讓牠早點習慣會比較好喔。

※針筒＝沒有針的注射器。

獸醫師專欄 3

貓咪用藥基本知識

常聽到的兩種藥物

開給茂輔的處方藥為類固醇與抗生素、胃黏膜保護劑這三種。其中類固醇與抗生素也常用來治療其他疾病，不妨了解一下這些藥物的療效。

●類固醇

是從「腎上腺」這個器官所生成的腎上腺皮質激素中，合成糖皮質素的藥物。具有即效性，能緩和口內炎與關節炎等各種發炎症狀，並有抑制過敏的效果。對於沒有食慾的毛小孩，有時類固醇也會被當作「食慾促進劑」使用。有些人擔心會有副作用，不過只要嚴守用量來開立處方，不但在使用上的風險較低，也可望獲得高療效，因此常被應用於動物醫療上。

●抗生素

也就是消滅細菌或抑制細菌增生的「抗菌劑」。在動物醫療上的重要性與類固醇並列，被用來治療各式各樣的疾病。不過有時會連必要的細菌都消滅，導致腹瀉等副作用出現。

另外，對病毒感染以及癌症能發揮療效的干擾素，相信大家也應該經常聽到吧。干擾素的副作用少，但缺點是價格昂貴，而且只有前往醫院才能取得。

不應自行判斷

故事中，鈴木先生是利用膠囊來餵藥，其他還有磨粉或做成糖漿、包糯米紙等各式各樣的餵藥方法。只不過，無論哪種方法，在自行判斷之前都應先請教獸醫師。

藥物也有相關限制，有些不適合裝入膠囊，有些則不建議改變形態等等。這是因為牽涉到藥物會在體內的哪個部位融解、被哪個器官吸收等各項作用的緣故。

關於藥量也請遵守規定用量。藥物有時必須達到一定以上的濃度才能發揮療效，不能因為貓咪抗拒就只餵一半之類的，完全是白做工。餵食超量的藥物更是危險，即便是小藥錠的碎屑，對體型較小的貓來說也是很龐大的劑量，所以希望飼主們餵藥時慎重其事，不要出差錯。

若對餵藥束手無策，不妨與獸醫師商量，調整次數或藥物種類、聽取餵藥方法的建議等等。服用保健食品或中藥時，還必須考量與處方箋藥性是否相容的問題，仍是先請教獸醫師為妙。

藥物與保健食品的差別為何？

以日本為例，藥物是通過日本厚生省針對成分與安全性、效果等驗證審查的合格製品。必須標明效能、用法、用量才得以進行販售。

另一方面，保健食品指的是可望獲得營養補充或健康輔助效果的「食品」。目前流通於市面上的保健食品琳瑯滿目，有些商品能發揮不錯的效果，也是可以嘗試看看。不過，還是建議大家先請教獸醫師。

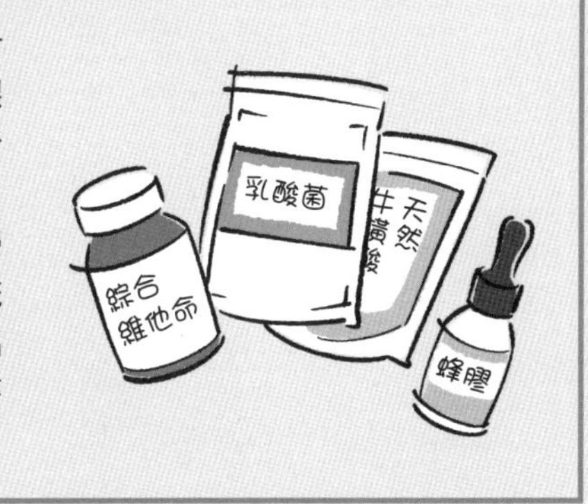

Vol.4

進食

配合療程，
也開始幫茂輔培養基礎體力。
一直以來維持在4公斤的體重，
最近下降為3．8公斤。

體力的來源是餐點，
也就是進食這件事。
茂輔的食慾不振已持續了好一陣子，
我想幫牠恢復食慾。

茂輔五歲時　5公斤

茂輔剛來我家的那段期間，
我都照書養，
所以一直以來都
只餵牠吃有點貴的乾糧。

高檔

標榜優質、健康的飼料。

我從不曾讓茂輔吃人類的食物，
覺得這樣對牠的身體不好。

所以茂輔也不會
想吃我的飯菜。

在餵養方面雖然沒做錯，
可如今面對茂輔沒食慾的情況
卻無計可施，
令我相當困擾。

就算我買了好口碑的美味飼料，不知是不愛吃還是不習慣，
…。
茂輔完全不感興趣！

茂輔，瞧瞧，這罐頭看起來很好吃吧？要450日圓耶。
閃閃發光喔！順便說一下，我的中餐是390日圓的便當喲！
嗯喵—
嗯喵喵
專注收看岩合先生的節目

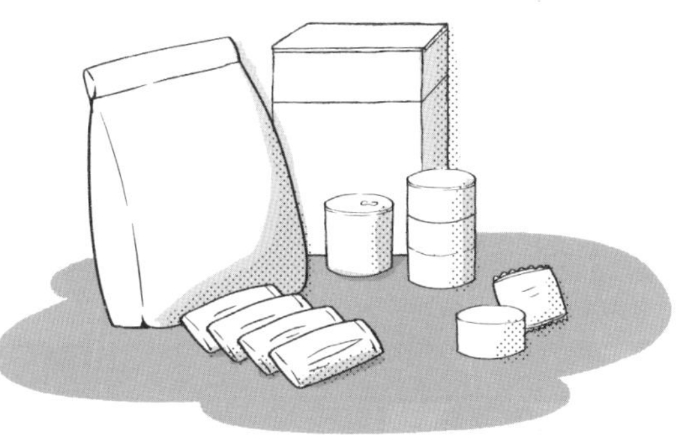

不只是高級糧食，就連容易上癮的垃圾零食也同樣無法奏效。
不知是我選的東西不好，還是茂輔根本就沒食慾。

千方百計不厭其煩地想要餵食茂輔，結果反而讓牠更加喪失對吃的興趣。
只有點心還會勉強吃完
這也難怪啦。
失落

不，現在可不是沮喪的時候。必須想辦法解決茂輔不肯進食的問題……

有道是能吃就是福！

這種時候找塔莉雅女士就對了。
看我的！
自己煮？不可能啦！我連自己的飯菜都不做的。啊，微波爐加熱？
話說，以前我好像有用微波爐蒸過一次雞柳條餵茂輔。牠似乎吃得很起勁。
超市
嗚哦哦哦
鈴木手刀衝刺!!
為了茂輔拚了!!
叮！
撕成小小塊。
好燙。
等待降溫……
瞧瞧，是雞肉耶～現煮的喔～～
……
不吃。
試著剝一小片湊近茂輔嘴邊。
張口!!

吃下去了！
把飯碗推過去。
不吃
撇過頭
吃了
怎麼這樣……
究竟是撒嬌還是懶惰
我也不清楚，
總之只要我送到嘴邊牠就肯吃。
好啦，
我知道了。
只要你肯吃，
多少我都
願意餵！
結果大概花了三十分鐘，
茂輔才從我手上吃完一條雞柳條。
雖然有點擔心
茂輔吃了不習慣的東西
會不會拉肚子、會不會吐……
不過看到牠吃得
津津有味的樣子，
倒是安心了不少。
來看
岩合先生吧

第二天起，我就以雞柳條為主，
踏上了不靠譜的自製餐點之路！
茂輔專屬主廚!!
其實只是水煮或微波加熱而已。
除了自製餐點外，網路上還提到嬰兒副食品也是不錯的選擇。
要選沒有放洋蔥的喔！
副食品專區
哎呀，呵呵呵
妳好
不好意思，這是要給貓吃的……
實在說不出口啊——
很多毛小孩似乎都滿愛副食品的，可是茂輔不太賞臉……
這個
我不要
貓罐頭再加上柴魚片或海苔、起司塊等好料。
柴魚片
起司塊
海苔
……結果茂輔只吃掉這些料。
喂，這不就跟只吃壽司上面的料一樣!!
其他還有烤牛肉、生魚片、鰹魚條、竹輪……
結果大概是七勝三敗。

生平頭一遭
像這樣在超市
選購食材。
有趣的是，
當我在廚房張羅時，
茂輔就一定會跟進來。
嗯喵哞～
回想起來，以前
似乎也下廚過。
不知從何時
開始不再
進廚房了
茂輔果然還是
最喜歡雞柳條。
吃完後，
爬上窗台的機率
特別高。
進食的力量真的很神奇，
畢竟要活著就是得吃東西。
吐舌頭
不，應該說，
活著，活下來本身
就是很神奇的一件事。

2月15日
開始進行抗癌藥物治療與服藥兩週後。
不知是藥效發揮，還是自製餐點的功勞，抑或是茂輔的生命力使然。
嗯。
腫瘤大幅縮小了，看起來是部分緩解了。
真的嗎！
太棒了！
茂輔，你真棒！
搓揉
搓揉
搓揉
別再搓啦
茂輔所罹患的疾病類型據說難以達到完全緩解，莫非會有奇蹟發生？
我知道不能過於樂觀……可是這個當下真的好開心！
擠出嘴邊肉——
哞
嗯喵
茂輔，你真的太神了！
抗癌藥物萬歲！

獸醫師專欄4

「好吃」是活著的動力

經由口來攝取營養

除了生病引起食欲減退以外，有些毛小孩會因為治療的關係導致味覺或嗅覺衰退，進而變得不想吃東西。原本好幾公斤重的貓，一下子就變得消瘦且身體虛弱。為了對抗病魔，「進食」是相當重要的。可以補充營養劑或是保健食品，也有插鼻胃管餵食的方式，不過一開始還是希望貓咪能夠經口進食，維持自然的營養攝取方式。

讓貓咪習慣清淡口味

近年來與養貓相關的書籍或資訊十分豐富，針對貓飼料，也倡導「綜合營養飼料較好，尤其是經過嚴格把關的優質飼料更好，不要隨便給貓咪吃人類的食物」之觀念。這些觀念雖然正確，但嚴格遵守的結果，就是貓咪能吃的食物種類受限，有時會像茂輔那樣，在關鍵時刻找不到可以讓牠願意進食的東西。

視身體狀況或症狀而定，有時必須改吃治療餐。超商所販售的基本款飼料很多是重口味或具有強烈香味、容易成癮的商品，若已習慣吃這類飼料，要改吃清淡口味的治療餐就很有難度。

成癮風險高的食物在食慾不振時或許能夠派上用場，應該留待日後再用，年幼期或是還很健康時，準備優質飼料＋自製餐點這種口味清淡的飲食，並且讓貓咪習慣各種食材是較為理想的。

自製餐點料理清單

本單元將為各位讀者介紹專替生病沒胃口的毛小孩所特製的手工料理。
貓咪對於陌生食材的接受度較低，不過有時也能收到出乎意料的好反應。
一開始請先加一點點，拌入平常的糧食（綜合營養飼料）。
持之以恆，說不定哪天貓咪就願意吃了！

①用叉子在雞柳條上反覆戳洞，再將雞柳條放入裝有一大匙水的塑膠袋內密封起來

②將①放入水滾了的熱鍋裡，等再次沸騰後蓋上鍋蓋熄火，靜置30分鐘左右

④將撕碎的②與一大匙左右的③拌在一起，就完成了！

增添風味的好幫手！

★瀝乾水分的優格
★茅屋起司
★半熟蛋　★綠海苔粉
★小魚乾　★貓薄荷
★山羊奶　★蝦米
★柴魚片 等

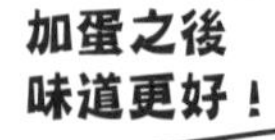

把半熟蛋剝碎放在上面！
也可放上51頁的香鬆！

做成流質餐

利用攪拌機或食物處理機就能做成泥狀！

※若毛小孩腸胃較弱，可用地瓜代替南瓜！

NG食材

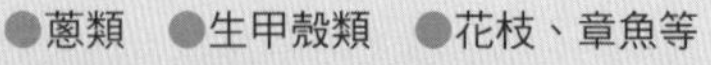

●蔥類　●生甲殼類　●花枝、章魚等
●鮑魚、海螺、九孔內臟
●葡萄、葡萄乾、巧克力類
●煮熟的肉骨　●生蛋蛋白　●韭菜
●酪梨　●含有咖啡因的茶　●木醣醇

⚠ 病中有時會限制攝取某些營養素，必須先請教獸醫師。
容易腹瀉的毛小孩要留意植物油的使用。若是有腎功能衰竭等泌尿器官問題，則要慎用綠海苔、小魚乾！

補充營養與水分　兩款特製湯品

雞軟骨湯

鍋中放水煮滾，加入雞膝蓋軟骨或藥研軟骨（胸軟骨），煮10分鐘後完成。

軟骨剁成小塊方便食用！

方便好用的工具

攪拌機
蒸籠
食物處理機

優格湯

①煮一杯水，快沸騰前熄火，放涼

②加入優酪乳（三大匙）即完成！

若家裡有成貓專用牛奶，可以少量加一點點。（一般牛奶NG！）

也可加在市售的貓飼料中……　魔法香鬆

起司料

在烤盤上鋪烘焙紙，薄薄鋪上一層茅屋起司。一邊注意烘烤過程，一邊約烤個5分鐘，靜置到水分蒸發為止，再撕成小塊。

魚香鬆

將沙丁魚、竹筴魚等魚骨放入溫度設定為150度的烤箱，烤上15～20分鐘。烤到熟脆之後，再用攪拌機或杵臼等工具磨成粉末狀。

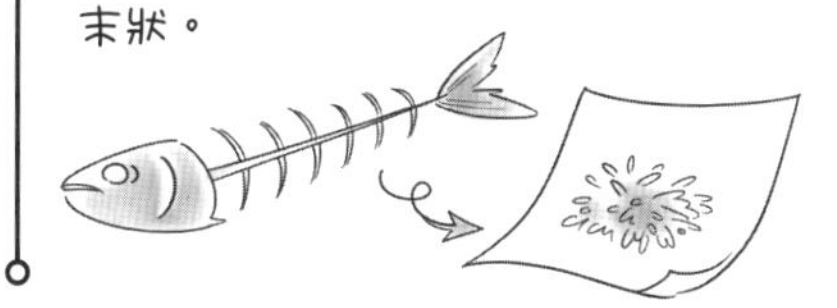

Vol.5

副作用

雖說腫塊已變小，
茂輔的狀態卻暫時
沒有太大的變化。
茂輔—
吃飯啦—
啊—
茂輔的食慾有所起伏，
不過整體來看食量還算可以。
迎接我回家的茂茂向前衝
依舊不變。
噢！
嗯喵喵喵—
奮力衝刺
瞬間剎車
也很會利用台階
爬上窗台。
咚
咚
冷靜觀察會發現
其實還是有變化的。
體重降至3．5公斤，
其他方面感覺也
逐漸衰退中……
這也難怪，
畢竟茂輔已經是
老貓了呀。
撫摸
撫摸
我阿公（人類）
也已經
走不太穩了
撫摸牠的背部時，
一臉怪表情也令我難忘。
屁屁也要
嗯喵
嗯喵
可是—
這表情！
也太有戲

3月1日
開始進行治療一個月後，茂輔劇烈腹瀉，之後開始嘔吐。
隔天依舊如此。
很難受喔，茂輔。
過去也曾發生腹瀉與嘔吐的狀況，但症狀持續這麼久卻是頭一回。
食慾當然也跟著減退。
喝水
吐出來
好像很不舒服……
應該是抗癌藥物開始出現副作用了。
醫師幫茂輔打了止瀉與止吐針。原本3公斤的體重在短短幾天內減少了500公克……
動物醫院
10-0X0X-0X
嗯，看來有脫水症狀，打一下點滴吧。
我還以為病症會緩解呢……
低語

暫時需要持續打點滴喔……
醫師建議讓茂輔在家打點滴。
我……必須把針插進茂輔的身體裡？
辦不到辦不到!!
若我無法配合的話，就只能每天跑醫院。對虛弱的茂輔而言，每天上醫院的負擔非常大。
只能硬著頭皮上了。
握拳!!
醫師教了我具體的做法。
像這樣，先抓起脖子後方的皮膚……
好的。
嗯，沒錯。
戰戰兢兢
伊莉莎白頸圈→
似乎有很多飼主選擇讓寵物在家打點滴，聽說有些獸醫師是不採納這種辦法的，不過我們的獸醫師屬於推行派。
好、好可怕喔。
抖個不停
我還比較怕咧
啊，插進去了。
噗嘶
很簡單吧？
才怪……

點滴一天打一次，每次100cc，隔天便開始執行……
壓制　壓制
這樣不乖喔茂輔！
喵
在醫院明明就很安分的呀……
喵
結果還是要靠塔莉雅女士…
塔莉雅女士
090-0X0X-0X0X
塔莉雅女士帶著洗衣袋和掛勾等工具來到我家。
將點滴袋泡在熱水中加溫。
接近體溫
微波爐加熱也OK！
將S型掛勾掛在窗簾軌道上，並掛上點滴袋。
把茂輔放入洗衣袋內，多餘的部分則綁起來。
接下來再用浴巾包裹，從正面輕輕壓住茂輔的額頭。
如此一來貓咪就不會亂動
輕壓
一邊跟貓咪說話，一邊隔著洗衣袋抓起脖子後方的皮膚，然後插入針頭！
好俐落～
貓咪會感受到你害怕的情緒喔。

在塔莉雅女士的指導下，
隔天總算有辦法
自己完成了。
看來已經
很上手了。
是呀，
得心應手。
…我是說阿茂啦。
…我想也是。
大概從第四天開始，
茂輔就不太掙扎了。
似乎是因看不慣
我的手忙腳亂
而願意妥協。
嗯喵
就讓你
插針吧
開始打點滴後，
變得垂垂腫腫的。
茂輔的背部會
有時都過一天了，
垂腫現象依舊沒有消失。
一坨
一坨
那是因為身體沒有完全
吸收點滴的緣故喔。
若還沒消失就先
暫停打點滴。
今天
不用打唷。
安心
嗯喵
一坨坨腫起來的觸感
我比任何人都清楚，
畢竟一直以來早已
將茂輔的身體摸透了。
最近，
開始有所自覺，
最了解茂輔的
其實就是我自己。
我要摸摸──

獸醫師專欄⑤

點滴的功效

能居家施打的皮下點滴

持續劇烈腹瀉或嘔吐會引起脫水狀態，必須透過點滴來補充水分，維持電解質平衡，而且還具有預防尿毒症的效果，因此點滴對罹患慢性腎臟病的貓咪來說尤其見效。

「靜脈點滴」是利用軟針直接插入血管，得由獸醫師操作。它能有效率地補給水分，可是必須長時間保持安靜不動，似乎有很多貓咪對此備感壓力。

「皮下點滴」則是將針頭插入背部

皮膚與肌肉之間的縫隙，又稱為「補液」或「輸液」。累積於皮下的液體會緩緩地被吸收至體內，打完點滴大概只需要幾分鐘而已，對貓咪的負擔也比較小。

皮下點滴一般也都是由獸醫師來操作，若是每天都必須施打，考量貓咪上醫院的負擔，有時也會像茂輔那樣在家中進行。要習慣相關操作或許得花一些心力，不過通常經過兩至三次後應該就能掌握訣竅。

貓前輩的知識百寶袋 4

點滴是照顧生病貓咪的必要之物？

需要愛與勇氣的居家點滴

照護過臨終期或罹病貓咪的過來人中，擁有「在家打點滴」經驗的人還不少。不是醫師，卻要在愛貓的身體上扎針……不只是鈴木，相信大家都會覺得自己「辦不到！」。不過，如同前一頁所述般，點滴是相當有效的療護方式之一。為了愛貓，請好好激勵自己一番！會失手個一、兩次很正常（……），能夠在自己家裡讓飼主施打點滴，對貓咪來說反而是比較輕鬆與安心的。

為了順利打完點滴，必須做一些功課。點滴袋與貓咪之間的相對位置，請盡量做出高低落差。將點滴平穩吊掛在貓咪能放鬆的地方附近，容量要準確，設法讓點滴能以最佳速度完成輸液。

以寬容的心態來處理排泄物

茂輔的脫水症狀，是由腹瀉所引起的。腹瀉或嘔吐可藉由藥物獲得緩和，不過當症狀持續時，糞便或嘔吐物會沾染體毛或睡窩，十分不衛生。遇到這種情況請用加熱過的毛巾或寵物用濕紙巾適當擦拭，保持清潔。

若貓咪已無法控制排便，也可在室內鋪滿寵物尿布墊。只要換掉弄髒的部分即可，更重要的是能夠消除飼主打掃的壓力。

打點滴時請善用生活用具
點滴袋需設置於安定的高處。
比方說……
確認容量
門框掛勾
窗簾軌道
S型掛勾
衣架掛勾
門後掛勾
衣帽架
請活用百圓商店的產品唷！
別讓軟管鬆脫
能透過一定壓力調整滴落速度的「加壓袋」也很方便！（網路買得到喔）
若貓咪抵抗…
洗衣袋&毛巾
小型紙箱
外出提籠
有時貓咪鑽入後會恢復平靜。
輕壓額頭跟貓咪說話使其放鬆
抓起肩胛骨附近的皮膚，慢慢將針頭插入。
無法控制排泄時，拋棄式寵物尿布墊相當管用。
PetSheets
尺寸也很多！
檜木
絲柏或檜木噴霧對除臭相當有效。
（芳香精油NG×）
打完點滴後，從插針處往外緩緩繞圓幫貓咪按揉！

Vol.6

治療的抉擇

3月13日
開始居家打點滴大概經過兩週後，
腹瀉與嘔吐情況已藉由藥物獲得控制。

另一方面，茂輔的運動量卻明顯下降。
食慾起起伏伏，想吃的時候還滿會吃，不過整體看來正緩慢減退。
雞柳條熱已退燒，目前主要食用成癮性高的飼料或點心。
2.8
今日體重測量

2・8公斤……
因為有毛，即使變瘦也看不太出來。

在公司看監視器影像時，畫面幾乎都是一動也不動的睡姿。
牠、
還活著嗎？
…嗯!!
…讓人莫名擔憂的監視器不知該說是好還是壞。

對我而言，最大的變化
莫過於迎接我的茂茂向前衝
已不復在。
雖然失落，但也無可奈何。
再說，又沒什麼大不了的。
雖然沒有了「茂衝」，
但能感受到茂輔氣息的喜悅
依舊無比巨大。
呼嚕
呼嚕
茂輔，
我回來了。
嗯喵噢～…
嗯
嗯
茂輔獨特的「嗯喵咩噢噢」叫聲變得
比較小聲，但那又何妨？
啾
就算乾糧只有減少一點點
我也很高興……
減少吧……
…茂輔一定多少有
吃了幾顆吧！
嗯！
其實感覺起來跟早上
沒太大變化…

嗯？
要上廁所？
步履蹣跚
癱坐
⋯
失禁⋯⋯
噓——
！
驚
不行，不能讓茂輔看到我震驚的表情。
平常心⋯⋯
呵——
沒關係、沒關係的，茂輔。不管是尿還是其他東西，都是活著的證明嘛。
會冷嗎？
你愛尿哪裡就尿哪裡喔。
寵物尿布墊之海
也沒什麼大不了的。
是說，最近的寵物尿布墊好先進喔。輪到我的時候也要用這個！（強顏歡笑）

過了兩天，為了進行第五次的抗癌藥物治療而前往醫院。
也告訴醫師失禁的事，以及運動量降低與食慾不振的情況。
應該是因為腿變衰弱，來不及走到廁所的緣故吧。
嗯啊，應該只是因為這樣吧。
體重剩下2・5公斤。
以往固定先做血液檢查與超音波，然後注射抗癌藥物。
然而，今天在注射抗癌藥物前，被獸醫師叫進診察室。
腫瘤變大了。
抗癌藥物逐漸失效，脾臟與肝臟也被淋巴瘤入侵了。
此時在體重2・5公斤的茂輔嬌小的身軀裡，癌細胞正大剌剌地增殖中。
癌
S
……
接下來還能……做些什麼？

獸醫師表示，
還可以選擇施打其他抗癌藥物，
可是好轉的可能性極低。
持續進行抗癌藥物
治療的成效，
大概有幾成呢？
眼下我也清楚地明白，
不輕言放棄、持續治療，
不只是為了茂輔，
也是為了我自己。
根據我的經驗，
有沒有一成
都很難說……
有時貓咪已經
沒有體力可以對抗
副作用了，
也可能因此引發
致命的副作用。
一週一次的血液與超音波檢查，
以及注射抗癌藥物的治療
所能得到的希望，
似乎很渺茫。
我是想賭一賭
這個渺茫希望的。
可是，茂輔呢……
茂輔又是
怎麼想的？

之後，醫師為我說明了QOL生活品質這個概念。
他提到停止積極治療並不等於放棄。安寧緩和療護的技術目前已經相當進步。
透過安寧緩和療護能減輕病痛，讓寵物每天過得安穩，增進生活品質。
藉由類固醇，食慾恢復的可能性也會提升。
也就是說，不再針對腫瘤發動攻擊的意思？
刀劍
盾牌
請將戰鬥方式想成「由進攻轉為防守」。等到體力恢復後，能再展開抗癌藥物治療的可能性也並非為零。
該怎麼做才好…
我們會尊重飼主的意見。
嗯，只有我能作主。茂輔的一切都是由我做決定的。
…抗癌藥物的治療，
就先暫停吧。

獸醫師專欄 6

治療方針的抉擇時機

各種極限

即使被宣告寵物來日不多，只要有些微希望便想持續治療，此乃天下飼主心。獸醫師也會使出渾身解數，運用知識與醫術來進行治療。

即便如此，凡事都有極限。藥物的極限、貓咪體力的極限、致命副作用的可能性，以及飼主的體力或氣力、財力的極限等等。世上有多少貓，極限的類型就有多少，必須在某個時間點認清事實。

無法確認當事人（貓）本身意願的動物醫療，最終必須由飼主來做判斷，但這並非易事。

有些飼主會認為停止積極治療等於「見死不救」，因而產生了罪惡感。然而，貓咪的病情時好時壞，不斷歷經這個過程後走向惡化的個案非常多。先暫停治療，透過安寧緩和療護讓基礎體力恢復之後，再展開治療也是一個方法。

上醫院與治療的壓力消失後，貓咪的免疫力上升，進而恢復元氣，這樣的個案也時有所聞。

不要受到一時的情緒影響，應該針對貓咪當時的狀況、體能、疾病惡化速度等，從各種觀點、角度來思考並做出決定，會比較理想。

重視QOL的生活

所謂的QOL（Quality of Life）是代表「生活品質」的縮寫。在人類的臨終期醫療上是很受重視的觀念，近年來在寵物醫療方面亦備受矚目。

透過安寧緩和療護來減輕病痛或苦楚，讓毛小孩能在安心的環境裡、在家人的陪伴下，順其自然地度過剩下的時間，是這個觀念所倡導的目的。雖然也會進行止瀉、止吐、補給水分、促進食欲等對症治療，不過其他時間大多是在家中安穩度過。

選擇重視QOL的生活以後，接下來便有賴飼主施展本領了。除了溫暖舒適的睡窩、好吃的餐點之外，飼主的雙手或聲音、體溫都能成為巨大的力量，為貓咪帶來撫慰。畢竟世上最了解毛小孩「開心」、「舒服」情緒的就只有飼主而已。不要覺得這項選擇是「見死不救」，請給貓咪滿滿的愛。

能與貓咪互動的時間

居家安寧緩和療護所帶來的不只是貓咪的安全感，還能讓飼主保有盡情與貓咪互動的時間。平時在外忙碌、有工作或家人得照顧等等，每個人都有各自的事情要做，儘管貓咪很可愛，但也不可能成天巴著不放。不過臨終期等同於能跟貓咪互動的最後時光，同時也是做好心理準備、面對分秒逼近之「最後時刻」的時期。

請盡可能多多撫摸貓咪，跟牠說說話，並將牠努力對抗病魔的模樣烙印在腦海裡。相信這將會是一段親密又寶貴的時光。

在家就能做到！

讓貓咪放鬆且感到幸福的療護♡

本單元要介紹以自然療法為基礎發展出的溫熱法與按摩！
光看說明就覺得能聽到貓咪發出「好舒服喵～」的叫聲。
這一切都有賴飼主的「巧手」配合。

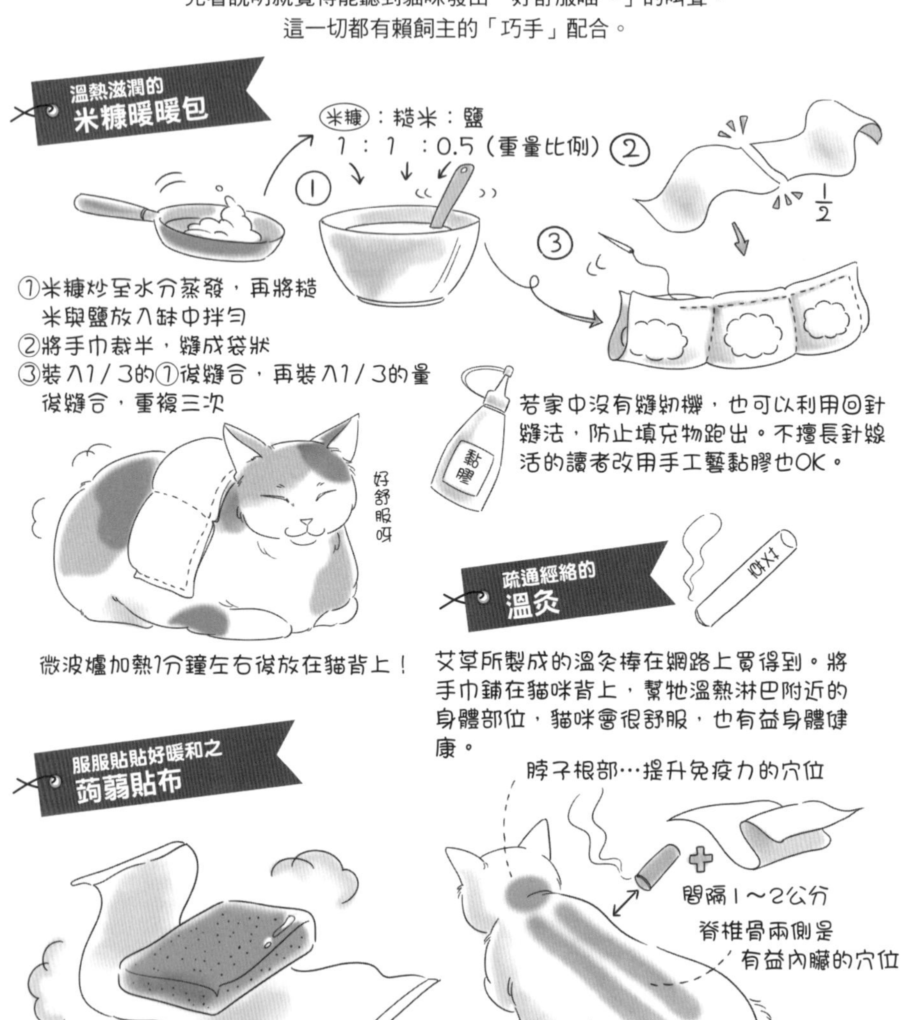

將蒟蒻汆燙幾分鐘後瀝乾水分，以毛巾包覆，貼放於貓咪身上。

雙手萬能基本功

對象不分貓咪或人類的通體舒暢按摩法

臉

從臉的外圍朝眼周、從下巴內側朝外慢慢輕撫。

飯後必須經過30分鐘以上才可以按摩！

耳

放

耳朵的前後方，有幫助放鬆的穴位，將耳尖往外拉後放開。

頸部後方以及背部，先觸摸進行確認後，再以手指畫圓的方式按摩。

頸　背部

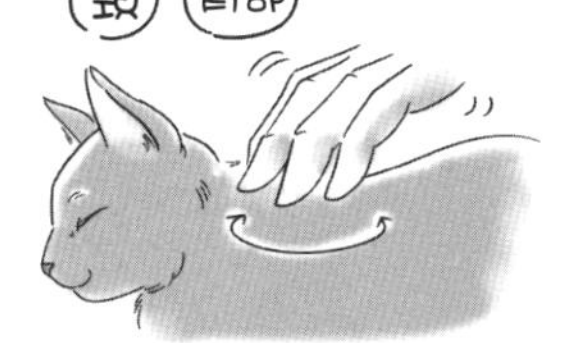

若這些部位很僵硬，先放鬆舒緩後再進行按摩。對於消瘦的毛小孩不要用力，輕柔撫觸即可！

手

手腳也稍微按摩。
※若貓咪掙扎便停止動作。請隨時注意牠的反應！

面對幾乎已呈現昏睡狀態的貓咪，自製小物或幫忙按摩能滿足飼主「想為牠做點什麼」的心願。請隨時觀察貓咪的狀態並用心陪伴，在這段時光裡全力傾注關愛。

貓咪覺得舒服時，頭會靠上來、輕輕地搖動尾巴。接下來身體會完全放鬆……
眼皮愈來愈沉重、
打哈欠……然後就睡著了！

同時也能為飼主提供療護♡　巴哈花精

巴哈花精是以花為原料所提煉的精華液。其中又以「急救」這款花精的抗壓作用最高，加在水中，或擦拭在睡窩中，可以對貓咪的精神安定發揮效果。巴哈花精對人類也有效，也能為飼主提供療護。

滴幾滴在外出包的裡面，能減輕貓咪上醫院的壓力！

⚠ 芳香療法所使用的精油對貓有害，必須留意！

Vol.7

安寧緩和療護

決定中斷抗癌藥物治療的同時，
我還做出了
另一個抉擇。
我是上班族，
擔任程式設計師。
應屆畢業進入公司任職十二年，
工作態度勤奮認真。
如今我卻打算將累積起來的
特休一次休完。
為了照護茂輔。
要請
二十天喔……
我也向公司一五一十地
交代了理由。
身為社會人士、身為成熟大人，
這項決定或許惹人詬病。
若因為育嬰或照護家人請假還情有可原，
對象換成狗或貓，應該是說不通的吧。
銷假上班後，
能回歸原本職務的可能性
很低。
但是，我仍下定決心。

為了盡量不給同事添麻煩，我比平常更認真賣力地工作，好讓交接作業得以順利進行。

配合調度安排作業，我將從一週後開始休二十天的特休。

內心希望茂輔能撐過這一週的同時，二十天後一切就要告一段落，也令我百感交集。

在我開始休假之前，塔莉雅女士願意前來幫忙。實在令人感激。

上午跟下午我會各來一次喔。

感激不盡！

同時，鈴木家也進行安寧療護改造，讓茂輔能舒適過活。

為了讓茂輔能在家中任何地方排泄，收起軟木地墊，鋪滿寵物的尿布墊。

也曾想過讓茂輔穿紙尿褲，不過牠從以前就不喜歡身上有任何東西，只好作罷。

我還租了氧氣室，聽說呼吸會變得比較輕鬆。
龐然大物
茂輔，進去看看呀！應該會舒服不少喔。

轟—…

是說，你本來就排斥塑膠味跟機器聲……

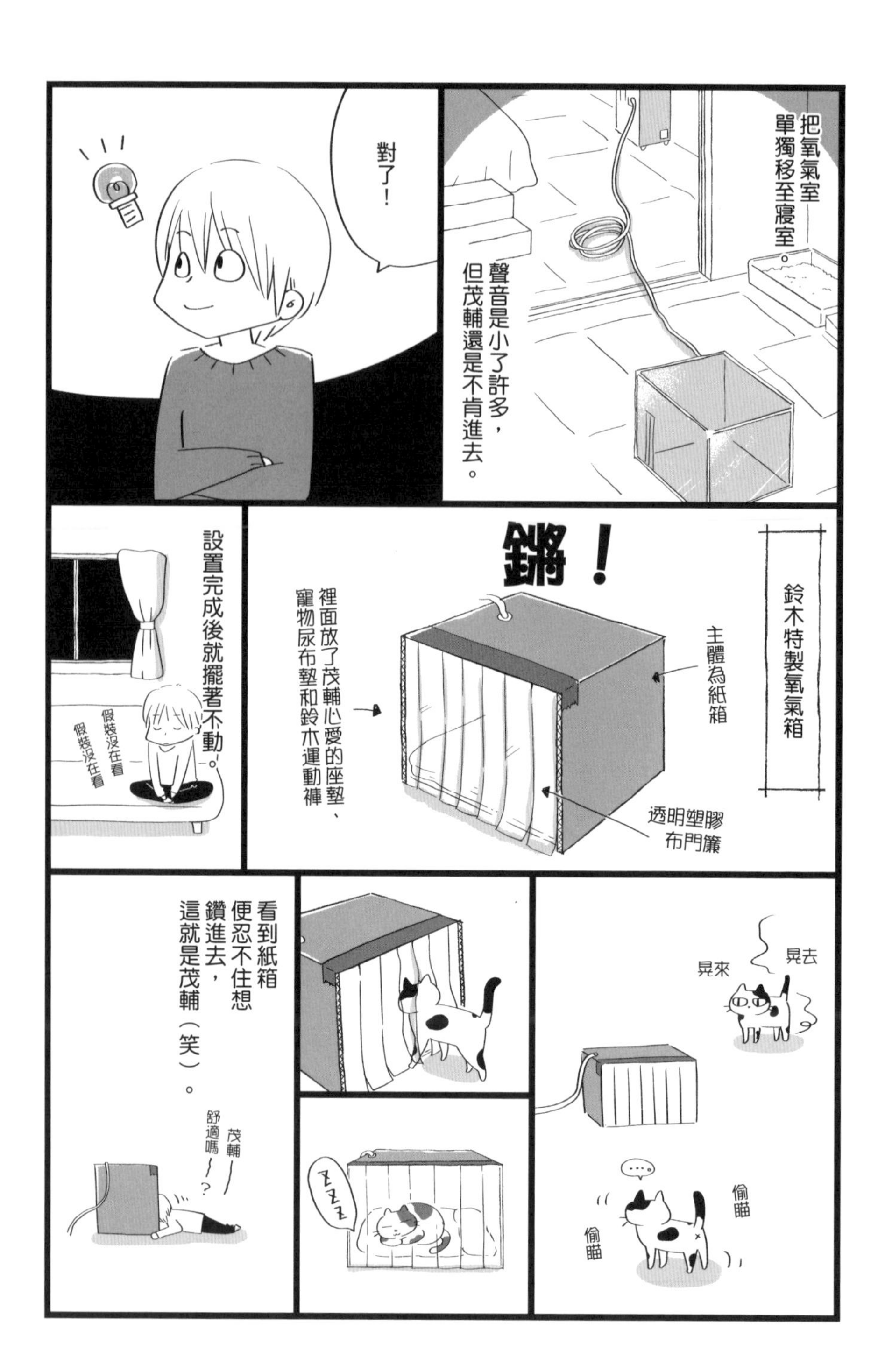
對了！
把氧氣室單獨移至寢室。
聲音是小了許多，但茂輔還是不肯進去。
鈴木特製氧氣箱
鏘！
主體為紙箱
裡面放了茂輔心愛的座墊、寵物尿布墊和鈴木運動褲
透明塑膠布門簾
設置完成後就擺著不動。
假裝沒在看
假裝沒在看
看到紙箱便忍不住想鑽進去，這就是茂輔（笑）。
茂輔～舒適嗎～？
晃來
晃去
Z Z Z
偷瞄
偷瞄

每天仍持續打一次點滴，不過茂輔卻不太肯進食。
貓　沒食慾時
手指餵飯……？
貓　沒食慾時
搜尋
我將濕食沾在手指上試著餵茂輔。
吃下去了！
我還要——
茂輔原來是這副德性？
無論是低熱量餐，還是熱水泡羊奶粉，各種食物我都試著用手指餵茂輔。
已經是這個節骨眼了，對身體好或壞已經不重要，只希望茂輔肯吃東西就好。
但還是要注意鹽分喔！
啊！對了，好久沒煮雞柳條了！
吃下去了
張口
茂輔的喜好都是一陣一陣的，不過還是雞柳條最有吸引力。
好吃嗎？茂輔！
嗯喵咩～
窮途末路時的殺手鐗！
可能是食慾促進劑發揮效果，不過睽違許久大量進食的茂輔吃相，帶給我極大的力量。
你好棒喔～
茂輔～
到底是誰在照顧誰呀？真是的！

進入安寧緩和療護兩天後，
不知是否因為疼痛或疲勞減輕，
茂輔能自行爬上窗台了。
嘿咻嘿咻
遲緩笨拙
!!
來到這個家十四年，
窗台是茂輔的固定座位。
監看中
糟糕，我快哭了。
憋氣
就這樣，
我開始休特休了。
會一直陪著你喔
3月22日
停用抗癌藥物一週後，
副作用消失了，
也不再嘔吐或腹瀉，
原本上醫院施打的類固醇與
抗生素也添加至點滴內，
在家注射即可。
如此一來，便能大幅減少外出移動的次數。
點滴操作也
非常上手了
閉著眼睛都能打
不會真的閉啦！
茂～輔！
嗯喵…
音量雖小，
但確實有反應。

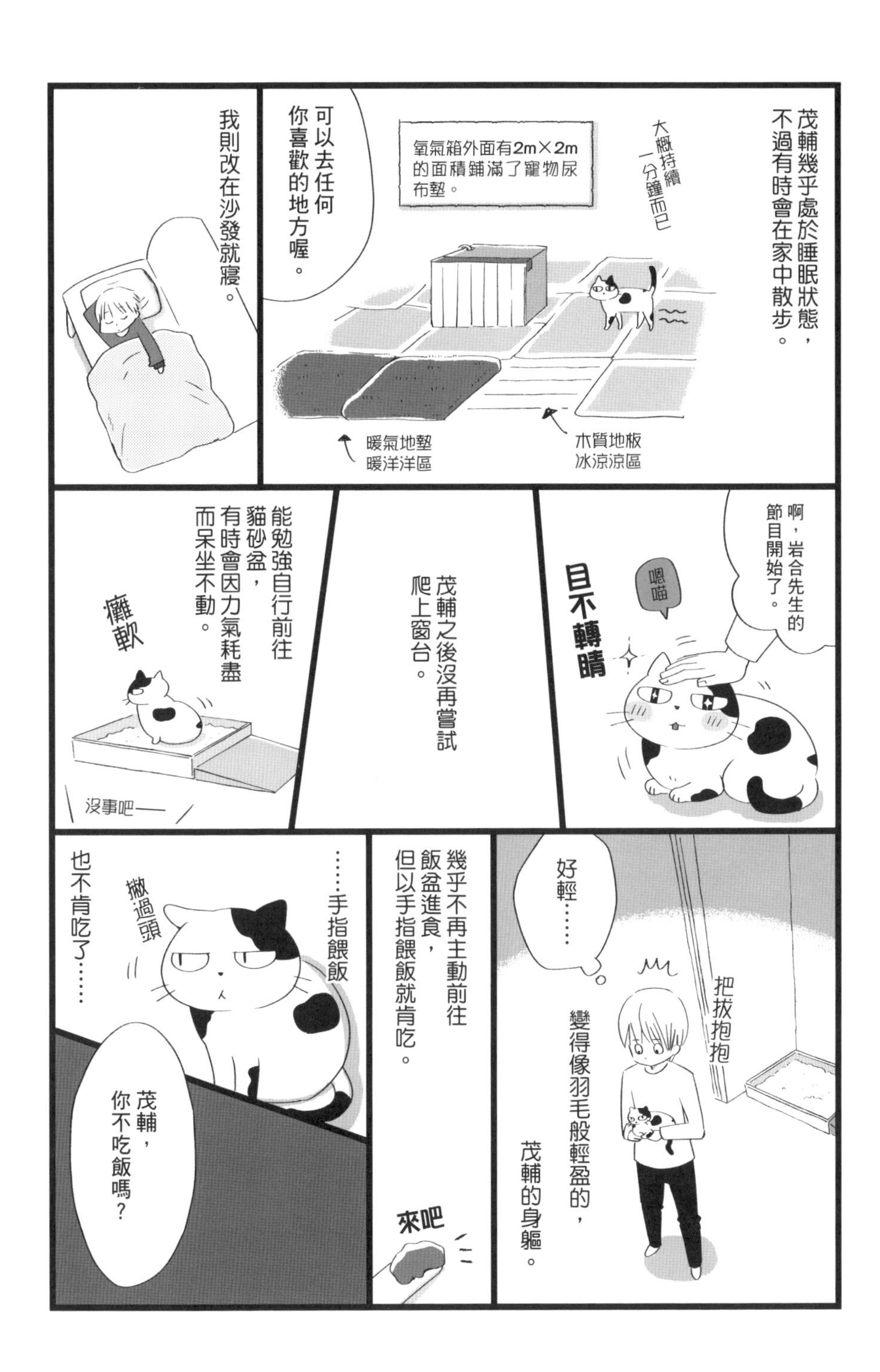

茂輔幾乎處於睡眠狀態，不過有時會在家中散步。
大概持續一分鐘而已
氧氣箱外面有2m×2m的面積鋪滿了寵物尿布墊。
可以去任何你喜歡的地方喔。
木質地板 冰涼涼區
暖氣地墊 暖洋洋區
我則改在沙發就寢。
啊，岩合先生的節目開始了。
嗯喵
目不轉睛
茂輔之後沒再嘗試爬上窗台。
能勉強自行前往貓砂盆，有時會因力氣耗盡而呆坐不動。
癱軟
沒事吧——
好輕……
把拔抱抱
變得像羽毛般輕盈的，茂輔的身軀。
幾乎不再主動前往飯盆進食，但以手指餵飯就肯吃。
來吧
……手指餵飯
撇過頭
也不肯吃了……
茂輔，你不吃飯嗎？

茂輔連手指餵飯都不肯吃了。如此一來，就必須改成……強制餵食。
終究逃不過……
心裡一方面認為不想吃就不要勉強，可是這段期間看著茂輔願意進食時便能恢復活力，我還是無法放棄。
餵食的方法很多，不過我認為用針筒餵最不會對阿茂造成負擔。
營養食品
a/d
裝入
針筒
啊～
注入
摸摸
要試試看嗎？
好的……
每次餵一點，慢慢的。
如果不想吃就不要再餵。
嚼
嚼
咕嚕
很好！
嚼
嚼
咕嚕
哎喲～阿茂，你好棒喔！

「強制餵食」……
這說法不太好聽。
不如換成……太空餐之類的，
如何！
茂輔～
來吃太空餐囉。
茂輔說不上積極，
但至少願意吃下太空餐。
進食量甚至不滿罐上標示的
成貓所需用量的一半。
不過，維繫著茂輔目前生命的，
正是這個太空餐。
變換食材，
試著餵食各種食物。
今天是雞柳條特餐！
雞柳條
柴魚乾
食物處理機
茂輔！
抓住
要吃啊！
可是……大概過了
兩天左右，
把針筒湊近嘴邊時，
茂輔就會把臉別開……
不要
不要
啊，不妙…
茂輔的眼神
本以為是食物的問題，
換成液狀點心還是
不肯吃。
看起來彷彿說著
「不想再吃了」。

吃喝拉撒睡！……為貓咪提供各種協助

強制餵食的風險與效益

居家療養的重點在於進食、排泄、室溫管理，以及互動接觸。氧氣室能對呼吸困難的毛小孩發揮效果。坊間基本上是以氧氣機與氧氣室為一組提供出租服務，可以在網路上搜尋「寵物 氧氣室」，或透過獸醫師介紹，試著利用看看。

對茂輔開始進行的強制餵食，其實評價好壞參半。明明不太想吃、沒有食慾，卻硬將食物送入貓咪口中強迫其吞下……光是聽到這樣的做法便令人覺得心疼，實際執行後感到於心不忍的飼主也不在少數。這畢竟是一種延命措施，一旦採用，勢必會有何時該停止的煩惱產生。要決定何時停止延命措施是需要勇氣的。

話說回來，儘管是強制手段，若能因為攝取營養而讓貓咪恢復體力，也是有可能再度展開治療的。若是需要花上一段時間才看得到效果的治療，可將強制餵食當作維持體力的有效手段。

另一方面，內臟機能衰退時，也有進食反而讓病情惡化的可能，必須加以留意。

請向獸醫師確認強制餵食為病情或惡化速度所帶來的風險與效益。後續該怎麼做，就交給最了解貓咪的飼主來判斷即可。

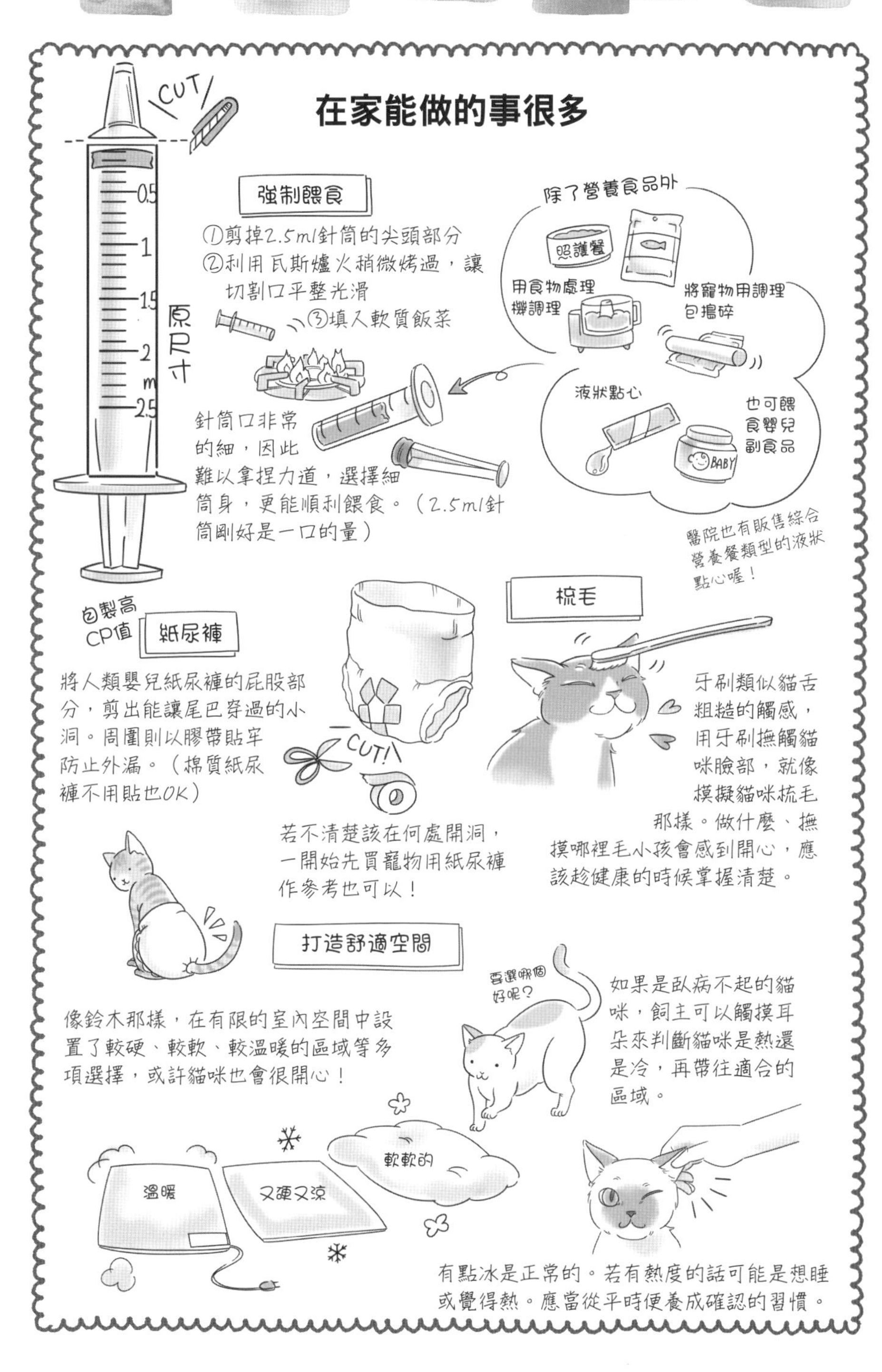
在家能做的事很多
CUT
原尺寸
強制餵食
①剪掉2.5ml針筒的尖頭部分
②利用瓦斯爐火稍微烤過，讓切割口平整光滑
③填入軟質飯菜
針筒口非常的細，因此難以拿捏力道，選擇細筒身，更能順利餵食。（2.5ml針筒剛好是一口的量）
除了營養食品外
照護餐
用食物處理機調理
將寵物用調理包搗碎
液狀點心
也可餵食嬰兒副食品
BABY
醫院也有販售綜合營養餐類型的液狀點心喔！
自製高CP值
紙尿褲
將人類嬰兒紙尿褲的屁股部分，剪出能讓尾巴穿過的小洞。周圍則以膠帶貼牢防止外漏。（棉質紙尿褲不用貼也OK）
CUT!
若不清楚該在何處開洞，一開始先買寵物用紙尿褲作參考也可以！
梳毛
牙刷類似貓舌粗糙的觸感，用牙刷撫觸貓咪臉部，就像摸擬貓咪梳毛那樣。做什麼、撫摸哪裡毛小孩會感到開心，應該趁健康的時候掌握清楚。
打造舒適空間
像鈴木那樣，在有限的室內空間中設置了較硬、較軟、較溫暖的區域等多項選擇，或許貓咪也會很開心！
要選哪個好呢？
如果是臥病不起的貓咪，飼主可以觸摸耳朵來判斷貓咪是熱還是冷，再帶往適合的區域。
溫暖
又硬又涼
軟軟的
有點冰是正常的。若有熱度的話可能是想睡或覺得熱。應當從平時便養成確認的習慣。

Vol.8

發作

3月30日

拒吃太空餐當天晚上，
茂輔在氧氣箱中
一動也不動地睡著了。

我有不祥的預感，
甚至不太敢入睡。

就在半夢半醒的淺眠之間，
早上被茂輔的聲音吵醒。

最後時刻
已經來臨了嗎？

茂輔要走了嗎？

就這樣走了……？

還是說，
趕往醫院還有得救!?
但需要外出移動，
哪一個風險較高？
該怎麼做？
該怎麼做才好？
茂輔！
結果還是選擇
趕往醫院。
茂輔!!
就快到了喔！
這段期間，
我有先下載計程車
叫車APP，
IC卡維持在兩萬日圓以上
的儲值餘額，
也準備了很多零錢，
以備不時之需。
應該是擴及
肝臟的淋巴瘤
在作怪。
治療室
注射了強肝針
一段時間後，
情況才穩定下來。
原來時候還未到呢，
茂輔。
對不起喔，
是我誤會了。
…像這樣，
每當茂輔
撿回一命，我便鬆了一口氣。

我果然還是無法面對這一切。
無法保持鎮定。
應該就這幾天了吧？
茂輔的體重不到2公斤，體溫35度，比我還低。
醫師雖然提出住院打點滴維持茂輔生命的方法，
跟茂輔說說話、摸摸牠，在家裡平靜度過也是一種選擇……
言下之意就是已經沒有恢復健康的可能了。
我想也是。
嗯，我了解了！不會再勉強茂輔加油了，畢竟牠已經夠努力了。
別再強制餵食與餵藥了。
就讓茂輔保持溫暖狀態安靜度過餘生吧。
茂輔，我們回家吧。

獸醫師專欄7

事先決定末期處置方式

會發生何種狀況？

像茂輔那樣，隨時都可能進入彌留狀態時，飼主也必須做好心理準備。

若已進入來日不多的階段，今後將發生何種狀況會隨著疾病類型或惡化速度有異，必須先向獸醫師確認清楚。

要就醫或者順其自然，都取決於飼主。不忍心看到貓咪飽受折磨的樣子而趕往醫院，有時已經回天乏術，或在移動中過世的情況都有。此時或許會後悔「早知道就讓牠在家走了就好」或者是「如果能早點帶去醫院就好」。不過，無論如何，死期將近的末期階段做出何種選擇，結果都不會有太大的改變。

末期處置沒有正解

以茂輔為例，即使發作後就這樣在家讓牠走完最後一程，其實也沒有錯。只不過根據發作的類別或狀態，也有還能醫治的情況，所以希望讀者們先向獸醫師確認可能出現的症狀、治療效果等等，以便擬定應對方針。在飼主手忙腳亂的當下，貓咪隨之離開人世是很令人難過的。

若發生於深夜或清晨，所住地區有動物急診服務的話，記得先輸入電話號碼、備妥寫有病情的資料，一有狀況便能迅速行動。假如附近沒有急診服務，建議與固定往來的獸醫師做配合，先決定好處置方式。

Vol.9

鈴木的特別照護

太空餐就不再餵了。
只是我還想再試試手指餵飯。
若茂輔不抗拒的話，點滴還是繼續打。
再來就隨茂輔高興了。
……是說，什麼才是牠想要的？
如果牠能告訴我，不管是什麼我一定都幫忙實現。
茂輔……
回到家後，引導茂輔進入氧氣箱，牠也乖乖就範。
你應該很累了吧，好好休息喔。
我也是……

塔莉雅女士前來幫忙。
多少休息一下吧。
雖然她這樣勸我，我卻睡不著，只得暫且到外面走走。
可是我只敢到徒步兩分鐘的兒童公園呆坐，再遠我就會擔心。
兩個月前開始進行的抗癌藥物治療，在兩週前停止了。
持續了三天的太空餐也不餵了。
……茂輔的性命全掌握在我手裡。
辦不到
世上的父母親真的好偉大。董事長之類的……好了不起。
能對自己以外的人事物負起責任真的好了不起。
我辦不到

不管是社團活動還是升學考試，求職、甚至是戀愛……以往至今的選擇或決定都是為自己作主。
之所以努力或挑戰，都是為了追求比現在更好的狀態。
可是——
接下來，無論做何選擇，再怎麼努力，茂輔都不會好轉。
反倒是我的決定或許會害茂輔硬撐著也說不定。
回顧今天的狀況……如果就這樣讓茂輔走了，也許牠就能解脫了。
到底該怎麼做才對啊——
乾脆就這樣走得遠遠的吧。
這樣就不必面對茂輔的死期。
……！
天啊！
天啊，我真的好差勁。
……不行，完全沒辦法休息。
回家吧。

我回來了——
噓——
茂輔……
噗呼——
噗呼——
瘦了一大圈的瘦小身軀確實地呼吸著。
昨晚的發作，消耗最多體力的是牠。
輕觸
噗呼——
還活著……
噗呼——
鈴木，
你也稍微睡一下比較……
唰——
唰——
如果茂輔昨晚走了，現在就沒有這樣的幸福了。

我做了個夢。
對不起———!!
茂輔，對不起—!!
竟然有那種想法真的對不起—!!
在夢中不斷向茂輔道歉。
不妙！
後退
…嗯？
茂輔！
嗯喵
還活著……
喵
老天還是眷顧我們的。

睡眠不足累積的疲勞讓我有點神經質。
不過已經不要緊了。
幸好茂輔沒在這段時間離世
好像也睡了五個小時。
塔莉雅女士似乎待到剛剛才離開。
今天有捕捉任務，我先回去了。
塔莉雅
還是一樣充滿活力！
我也恢復了精神！
我開始想像接下來要跟茂輔度過的時光。
從現在起，要為茂輔提供只有把拔才能做到的特別照護。
比方說，茂輔最愛的抓抓背～
我抓抓抓
我抓
我抓
嗯喵
表情
嗯喵
砰
砰
砰砰
用毛球逗貓棒搔癢癢～
將預錄的岩合先生節目無限循環播放。
會降低音量啦
啊哈哈哈－－
居然坐在岩合先生頭上－－！
咩
嗯喵

茂輔幾乎不太會動了。

我用我的運動褲做成靠枕預防褥瘡發生，偶爾幫牠變換躺臥的方向。

茂輔入睡時，我會在氧氣箱前看書，讓茂輔靠在我手上。

我自己偶爾也會睡著。

每隔三到四小時把茂輔放到氧氣箱外面時，牠會在尿布墊上尿尿。

茂輔喜歡軟毛刷

在腹部畫圓按摩

為避免茂輔失溫，在周圍擺上裝了熱水的寶特瓶。

也會摸牠的耳朵，如果有點燙，就把牠抱到木頭地板上。

降一下溫

即使牠不肯吃，也會試著用手指餵幾次飯。（偶爾牠會舔一下！）

每天一次的點滴。

其他就是盡量出聲跟牠說話。

坐在窗台旁曬太陽。
用毛毯包住像羽毛般輕盈的茂輔，
拉過氧氣管將牠放在膝上。
原來這裡這麼舒服，我都不曉得。
你小時候曾爬上這裡卻不敢下來，叫個不停呢！
這個時期該怎麼做才正確，上網爬文也找不到答案。

有人說積極互動反而會讓貓咪不知所措，
有人說貓咪睡著時不要出聲打擾比較好。

反正就是意見紛陳……

其實真正的答案
沒有任何人知道。

茂輔喜歡我摸牠、
跟牠說話時總是開心地發出叫聲，
總之牠是個愛討拍的孩子。
所以我適度地持續保持互動。
我與茂輔所建立的情感，
就是我們家的特別照護。

貓前輩的知識百寶袋 6

擁有健康心靈的飼主，才能給貓咪安全感

人的情緒也需要被照顧

鈴木請了特休專心照顧茂輔。工作上請不請假，端看個人如何衡量抉擇，而且所從事的職業類型或職務立場也是左右能否休假的條件。

能專心照顧寵物感覺上是件好事，另一方面其實等於要密切與貓咪接觸。原本專心工作的時段，或是跟同事聊天等放鬆休息的時間不復在，尤其是一個人住時，一不小心精神就不堪負荷的情況也不少。

若為家人輪流看護，大家若能同心協力倒也還好，如果對寵物或生命的想法、熱情有落差，有時反而會備感壓力或孤立。

不是只有照顧貓咪才會這樣，除非接下來還有很大的希望，否則照護或看顧往往會造成精神上的不安。就像鈴木也曾短暫產生負面的想法，這是很常見的現象，也有很多飼主在送走愛貓後對此感到追悔不已。這其實正是人類的脆弱之處，與關愛程度並沒有關係，還請不要自我責備。

確診為末期後，貓咪剩下的時間已經不多，無論是好是壞都即將迎向終點。只要想到這一點，快撐不下去的情緒或許能振作、堅強起來。

看護期間也要提醒自己放鬆休息

若貓咪病情穩定，就算只有幾分鐘或幾小時也應該外出散心。

活動身體！

若擔心的話，可以請保姆或友人幫忙看家。

為了讓心靈保持健康，體力也很重要。即使沒有食慾也要進食，並確保睡眠時間，若貓咪出了狀況自己卻病懨懨，會很困擾的！

留下貓咪對抗病魔的紀錄

作畫

跟過來人或明白狀況的朋友聯絡交流。電子郵件往來或講電話都能夠轉換心情。

透過社群網站或部落格，蒐集大家的意見或經驗談也不錯！

或者製作立體紙模型之類的！

但是不要打擾到貓咪的作息喔！

深呼吸！

其實…
讚喔！
剛來到我們家時，你整個好僵硬，當我拿起逗貓棒，你突然興奮地追著跑……
想必很開心吧…

不要鑽牛角尖！
就像平時陪貓咪睡覺那樣，試著輕輕地撫摸牠！這麼做不只是貓咪，應該連飼主的心靈都能獲得滿足。

也可試著回顧與貓咪一路相處的點滴。能再次體會到自己現在是為了什麼而奮鬥！

Vol.10

茂輔

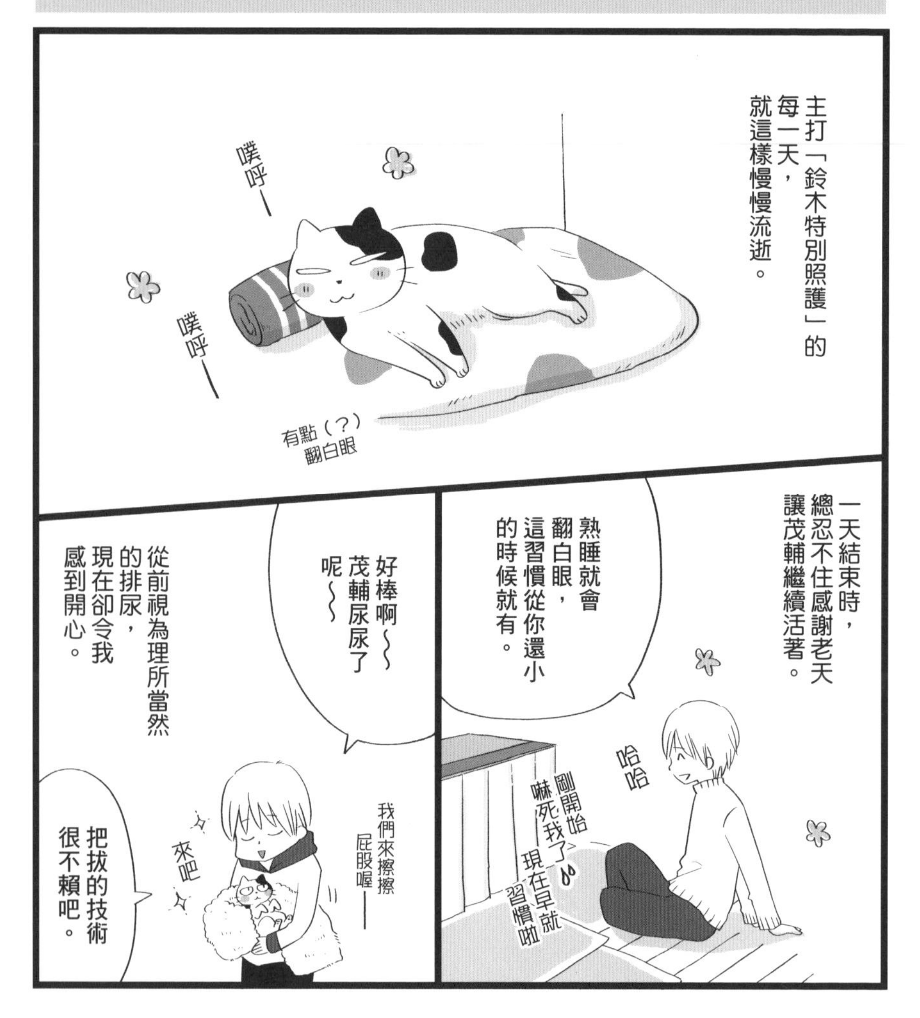
主打「鈴木特別照護」的每一天，就這樣慢慢流逝。
噗呼—
噗呼—
有點（？）翻白眼
一天結束時，總忍不住感謝老天讓茂輔繼續活著。
熟睡就會翻白眼，這習慣從你還小的時候就有。
哈哈
剛開始嚇死我了
現在早就習慣啦
從前視為理所當然的排尿，現在卻令我感到開心。
好棒啊~~茂輔尿尿了呢~~
我們來擦擦屁股喔—
來吧
把拔的技術很不賴吧。

不管是進食、上廁所，還是散步，
茂輔完全失去了自主行動的能力。

話雖如此，
牠並沒有放棄，
也沒有自暴自棄，
而是拚盡全力，
努力活下去。

茂輔讓我引以為傲。
讓我覺得很有骨氣。

茂輔，你好酷喔！

點滴……
就別打了吧。
茂輔好久沒有這樣注視我了。
不打了喔。
茂輔究竟想表達什麼，終究不得而知，我能做的只有停止打點滴而已。
茂輔重複了幾次微弱的「嗯喵」叫聲後，直接睡著了。
嗯
嗯
嗯
喵
為了抹去腦中湧現的某種預感，我只是靜靜地看著茂輔的睡姿。
當天晚上，剛過午夜沒多久，茂輔突然起身，不斷地大力喘氣。
哈
哈
哈
哈
哈

接著氣息
逐漸減弱。
我將牠放在膝上，
靜靜地撫摸
牠的臉頰與背。
哈
茂輔，乖孩子，
請你
一路好走，
不必牽掛喔。
喵呀啊
發出一聲巨響後，
茂輔的身體在一瞬間
失去了力氣……
就這樣
停止了呼吸。

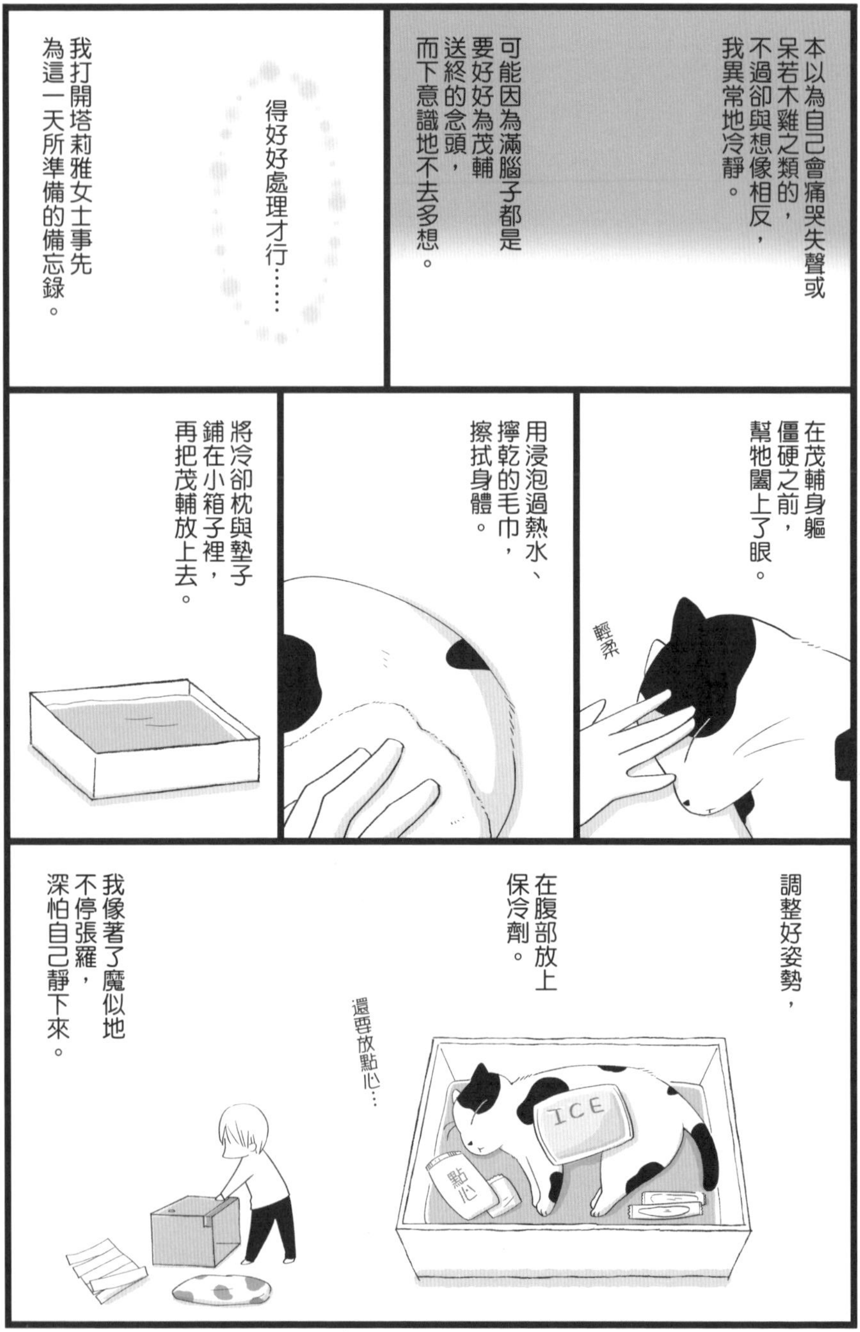

本以為自己會痛哭失聲或呆若木雞之類的，不過卻與想像相反，我異常地冷靜。

可能因為滿腦子都是要好好為茂輔送終的念頭，而下意識地不去多想。

得好好處理才行……

我打開塔莉雅女士事先為這一天所準備的備忘錄。

在茂輔身軀僵硬之前，幫牠闔上了眼。

輕柔

用浸泡過熱水、擰乾的毛巾，擦拭身體。

將冷卻枕與墊子鋪在小箱子裡，再把茂輔放上去。

調整好姿勢，

在腹部放上保冷劑。

還要放點心……

ICE

點心

我像著了魔似地不停張羅，深怕自己靜下來。

隔天早上聯絡塔莉雅女士後，她飛奔趕來，還帶了一大束花與替換的保冷劑。
接著在茂輔面前痛哭失聲。
阿茂啊～～
你真的很乖，也很努力了。
嗚嗚……
這種事不管經歷幾次都無法習慣啦！
阿茂呀～
她還代為安排了火葬事宜。隔天下午兩點舉行……
交給我就好
心裡很難過，但也處理慣了。
並且致電醫院。
這樣啊……太遺憾了。
塔莉雅女士回去後，到明天為止的這段時間我無事可做。
今晚算是守靈夜。
躺下

全身的力氣
似乎已經用盡，
我就這樣在
茂輔身旁
睡著了……
醒來時
已是傍晚。
糟了！
驚
這幾天以來的習慣使然，
我急忙跳起來打算
確認茂輔的呼吸。
眼前卻是
一動也不動的茂輔。
是啊，
茂輔
已經死了。
真的死了？

茂輔……
茂輔？
茂…
阿茂～
茂～輔！
……茂輔。
滴答

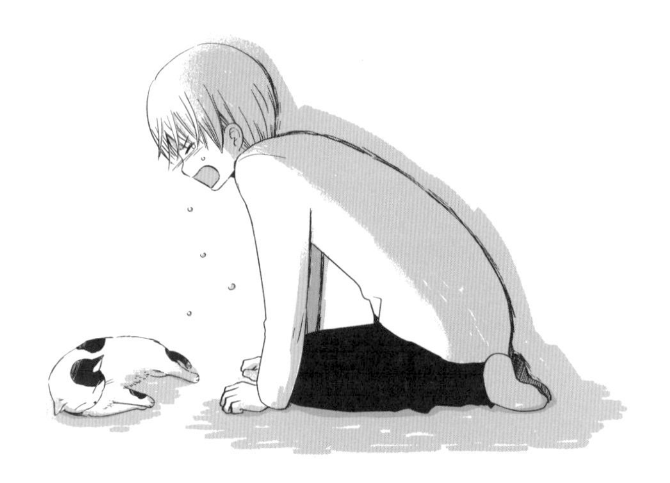

得知茂輔病情時，
像個小學生般哭泣的我，
如今更是宛如兩歲幼兒般，
嚎啕大哭。

獸醫師專欄 8

面對「最後時刻」的心態

過世前的狀態

即使用盡千方百計，「最後時刻」仍舊會到來。像故事中的茂輔那樣，歷經餘命宣告、臨終照護而邁向死亡的案例，獸醫師所做出的「可能就在今明兩天」的診斷，其實是有其根據的。

因為不光只有原本的病灶在作怪，還包括副作用、貧血、營養不足等狀況，已至末期的貓咪體內會產生各種變化，若沒有體力來對抗這些症狀，無論何種治療或藥物都不能期盼收到成效。貓咪的體溫會降低、心跳次數變慢，意識也會變模糊，有時雖然張開眼睛卻眼神空洞。過世前幾個小時呼吸會加速，或者是變得很緩慢，逐漸失去反應。

「順其自然」指的就是在一旁靜觀守候。有些毛小孩在過世前幾分鐘，會出現類似發作的狀態並發出叫聲。

各類疾病的症狀

罹患淋巴瘤大多會衰竭而死，意識逐漸模糊，隨之斷氣。病程進展雖然看似緩慢，但貓咪患病後瘦弱乾癟的身軀實在令人心疼。根據疾病的種類而定，也有臨終前陷入痛苦狀態的情況。心臟疾病會引起呼吸困難，腎臟疾病有時會因為尿毒症導致劇烈痙攣。不管怎樣，愛貓受折磨的身影，也會讓目睹這一切的飼主感到不忍。可據說此時貓咪的意識相當混沌，牠所感受到的苦楚其實沒有人類所見那般強烈。

住院是一種選擇

如果可以的話，希望能在家而非在醫院為貓咪送終，是大部分飼主的想法。不過萬一有狀況時，能及早進行處置是住院的優點。透過氧氣室等設備或靜脈點滴等處置，或許能減輕貓咪身體的負擔，因此可視病情將住院列入考量。

安樂死也是一種選擇

另外還有「安樂死」這個選擇。會做這項決定，不外乎是不忍再看見貓咪受折磨的模樣、想讓牠好走，抑或飼主有其他苦衷等等。關於安樂死的功過，其實每個人的觀點各異，因此獸醫師也不太會介入，但有時會視病情建議飼主做此選擇。例如肥厚性心肌症的致死症狀之一「血栓」，會伴隨著劇烈痛感與苦楚，因此會評估是否執行安樂死。

面對愛貓之死

「死亡」不僅限於貓，也是所有生物唯一共通的宿命。會產生失落感是理所當然的，但愛貓能在自己身邊壽終正寢，不也是值得安慰的一件事嗎？

畢竟有些貓咪是猝死或遭遇意外而身亡，或是罹患先天性疾病在幼貓時期就過世，若遇到這種情況，飼主的心痛程度也是難以比擬的。只不過，猝死或意外身亡不會經歷與病魔對抗的過程，對貓咪的負擔比較小。也可以換個角度想，年紀輕輕就過世的毛小孩所經歷的痛苦時間較短，在世期間的幸福時光則是貨真價實且無法動搖的事實。

世上多的是沒有名諱、無人聞問、孤獨死去的貓。儘管我們無法讓所有的貓咪過得幸福，不過面對有緣來到自己身邊的毛小孩，總是希望能盡量好好地陪伴牠走完最後一程。

貓前輩的知識百寶袋 7

隨侍在側的臨終照護並非唯一正解

讓貓咪以自己的步調離世

鈴木在兩個月的看顧期間，傾注滿滿的關愛以及無微不至的體貼，做好心理準備，最後陪在茂輔身邊陪牠走完最後一程，並且好好地大哭一場。這應該可說是理想的臨終期照護模式吧。

不過，現實中的臨終期照護，飼主或多或少都會有一些後悔之處。經常聽到的是，在貓咪斷氣的當下沒能陪伴在牠的身邊。

那麼，只有隨侍在側陪伴貓咪走完最後一程，才是正確的嗎？生物無法透過自己的意志選擇死法或死亡時間點。無論對貓咪的愛有多深，死亡是人為無法介入的領域，會在何時、何處發生都只能聽天由命。

既然如此，倘若飼主老是煩惱貓咪離世的那一瞬間，自己能否隨侍在側，應該也不是貓咪所樂見的。活著時一起度過的時光，遠比臨終處置這件事來得重要許多，希望大家能在貓咪還健康時確實地細細體會。

當然，會覺得悲傷或寂寞是很正常的。與其壓抑這些情緒，不如讓情感如實宣洩。

另外，寵物之死是家長向孩子說明生命可貴的機會教育。不過須視年齡或個性而定，因為有時會在孩子心中造成陰影，還是需要多加斟酌考慮。

兩小時以內完成遺體清潔

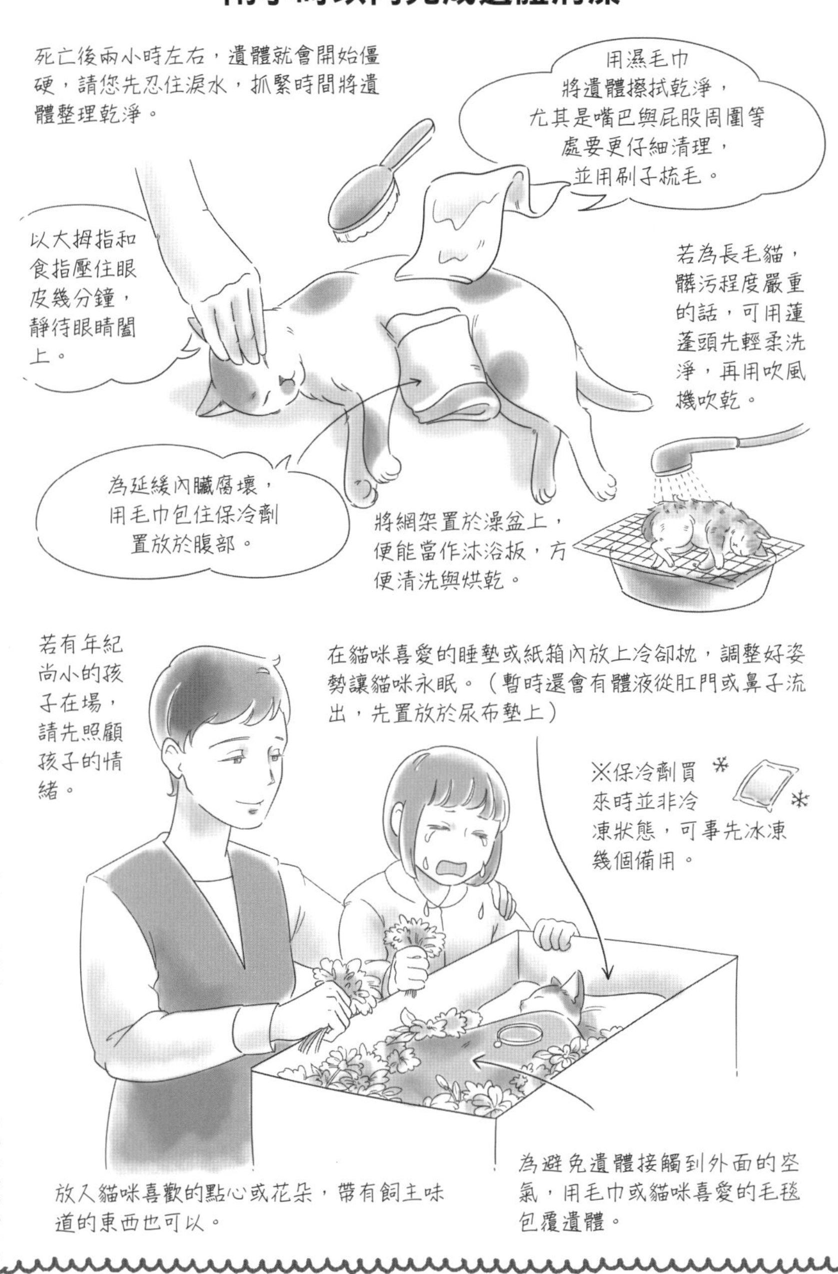

死亡後兩小時左右，遺體就會開始僵硬，請您先忍住淚水，抓緊時間將遺體整理乾淨。
用濕毛巾將遺體擦拭乾淨，尤其是嘴巴與屁股周圍等處要更仔細清理，並用刷子梳毛。
以大拇指和食指壓住眼皮幾分鐘，靜待眼睛闔上。
若為長毛貓，髒污程度嚴重的話，可用蓮蓬頭先輕柔洗淨，再用吹風機吹乾。
為延緩內臟腐壞，用毛巾包住保冷劑置放於腹部。
將網架置於澡盆上，便能當作沐浴板，方便清洗與烘乾。
若有年紀尚小的孩子在場，請先照顧孩子的情緒。
在貓咪喜愛的睡墊或紙箱內放上冷卻枕，調整好姿勢讓貓咪永眠。（暫時還會有體液從肛門或鼻子流出，先置放於尿布墊上）
※保冷劑買來時並非冷凍狀態，可事先冰凍幾個備用。
放入貓咪喜歡的點心或花朵，帶有飼主味道的東西也可以。
為避免遺體接觸到外面的空氣，用毛巾或貓咪喜愛的毛毯包覆遺體。

Vol.11

告別

4月5日
今天要將茂輔火化。
昨天晚上，肆無忌憚像個兩歲幼兒般哭泣的我，淚水已經乾枯，……應該是吧。
動物醫院與同事都送來弔唁花束。
好多人愛你呢，茂輔。
我留下了一點茂輔腹部的毛，取而代之將我的頭髮放在牠的腹部上。
棺材裡裝著花與點心，還有跟我的合照。
該準備出發了，茂輔！
我們要前往步行距離二十分鐘左右的寺院，裡面有附設寵物殯儀會館。

我就不打擾你們倆啦！
慢走～
抵達寺院後，看到裡面有許多貓，這點讓我很安心。
鈴木先生，我們有收到您的預約。
葬禮有幾個方案可以選擇。
請將寵物放在這裡。
我選擇的是「飼主觀禮個別火葬」的方案。茂輔單獨火化後，由我撿骨，再將骨灰帶回家。
茂輔……
……
接下來將進行火化。
茂輔……！
緊握

要請您等待兩小時左右。
好的，麻煩您了。
茂輔，你已經自由了喔。
不用再吃太空餐，也不用再打點滴、打針甚至跑醫院。
兩小時後進行撿骨儀式。
承蒙關照了。
回家吧，茂輔。
啊！
已經開花了。
這還是我跟茂輔第一次賞花耶。

是櫻花喲。
乾杯！
拉開
咕嚕
跪坐
BEER
辛苦你了，
茂輔。

貓前輩的知識百寶袋 8

有時能透過儀式，讓傷感的心獲得安慰

多元化的寵物喪葬事宜

即便使用保冷劑，遺體還是會不斷腐壞。若為冬季，安置期間最多三到四天，夏季則以兩天為上限，請在遺體還完整時完成安葬手續。

若擁有庭院或山林等屬於自己的土地，也能進行土葬。

選擇火葬的話，各地方單位也有提供服務，不過近年來委託專業寵物葬儀社的情況變多了。從前只備有火葬設備的寵物葬儀社，也在「寵物是家庭成員」的觀念影響下，這十幾年內增設了殯儀會館或與寺院合作。推出到府服務火葬車的業者也跟著急遽增加，並搭配撿骨、誦經等各種方案，葬禮的形式相當多樣化。後續供奉方面，還有安置納骨塔或日後與飼主合葬、海葬等，選擇十分多元。

話雖如此，重要的並非形式或費用金額，而是悼念的真心。因此弔唁的方式只要貓咪的飼養家庭、飼主覺得妥當即可。要做後事規劃或許心裡不好受，但還是建議大家事前索取簡章進行評估討論。

無論是土葬或火葬，都再也見不著也摸不到貓咪，是很令人傷心的事。有些人覺得葬禮就像是繼死亡瞬間之後的第二次離別，因而忍不住痛哭失聲。即便如此，隨著儀式逐步進行，歷經一道又一道的程序之後，很多人似乎也能漸漸整理好情緒。

追悼儀式取決於每個家庭的選擇

火葬

除了民營葬儀社經營的殯儀會館、火葬機構和移動式火葬車外，各地方單位也有收容寵物遺體、提供火葬的服務。

地方單位

幾乎各個縣市都有受理。有些設有動物專用的火葬場，有些則與一般垃圾一起焚化，每個地方單位的情況不同，務必事先做好確認。

靈堂

設有寵物專用火葬場的機構。有些附設於寺院或墓園等等。

移動式火葬車

由搭載火葬設備的車輛前往住家，會在住家附近進行火葬。

個別火葬～取回骨灰　每隻動物個別火化的方式。「飼主觀禮個別火葬」是由飼主進行撿骨。（非全程觀禮時，則由工作人員代為撿骨）

集體火葬～合葬墓地　與其他寵物一起火化。無法觀禮、撿骨以及取回骨灰，骨灰埋葬於合葬墓地。

土葬

若為自家所擁有的庭院或山林等，可以直接埋入土地內。

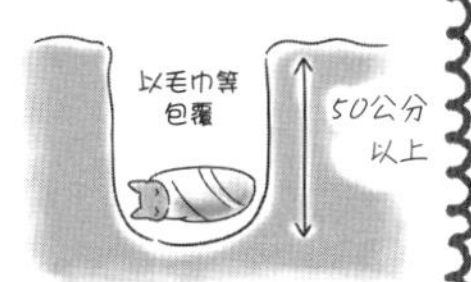

※因傳染病而死時，需火化後再埋葬。

若房子為自己名下的土地，可埋葬於庭院；若是租賃的則可埋於盆栽內。

※本頁所述為日本的狀況。

協力業者＝Japan Pet Ceremony 世田谷寵物殯儀會館

尾聲

時間是最好的解藥

10月
茂輔成仙
已過半年，
我的生活
也隨之回歸到
原本該有的
日常狀態。
吃飯去
喔
啊，我不想用
「死了」、「過世了」
這些字眼，
所以才想到用
「成仙」來表示。
只在跟親近的人
對話時使用
原以為自己會一蹶不振，
但那前所未有的悲傷，
已隨著時間
慢慢沉澱下來。
或許是塔莉雅女士所說的，
「時間就是
最好的解藥」
發揮效用。

逐漸淡忘悲傷這件事也曾令我覺得感傷，不過這些情緒都隨著時間日漸緩和下來。
然而，寂寞感卻未曾消退。
不過我倒覺得無所謂。
時間就是良藥
有點慢卻很有效
骨灰還放在家裡，有時我會跟它說說話。
茂輔～明天我放假欸～
爆米花
最近終於敢回顧以前的照片跟影片了。
啊哈哈這表情ー
為何開錄影模式你就會突然生氣啊ー茂輔
嗯喵
嗯喵
哇ー～
茂輔好小一隻喔ー～
這是剛來我們家時拍的ー
當時還瘋狂使出茂衝攻擊呢ー
兩個多月的看顧期間，確實心力交瘁。
但這只占了我與茂輔相處十四年的光陰當中，80分之1的時間而已。
我們真正的故事是80分之79的平靜歲月。
照護的那段日子也是美好回憶
zzz
zzz

下定決心陪伴茂輔
走完最後一程時，
我曾滿心祈求自己不要出錯。

我也不知道
自己是否有做到這點。

老實說，後悔的事很多。

應該持續治療、

應該嘗試更多
保健食品或中藥之類的療法。

不，
追根究柢，
為何我沒有盡早察覺牠的病情？

還有這些與那些都應該……

總覺得我所做的
每項決定都是錯的。

可是——

如果我這麼想的話，
茂輔就會變成
「可憐的貓」。

被笨蛋飼主的
錯誤判斷所害死的
悲慘貓咪……

這樣我會很困擾，
再說根本不是這樣！

茂輔是
深得（笨蛋）飼主寵愛，
踏上另一段旅程的幸福貓咪。

所以我決定
不再鑽牛角尖、
處處挑錯。

看顧茂輔的期間，
我曾好幾次想過
如果茂輔會說話就好了…
在茂輔生病之前，
即使牠不會說話，
我也覺得彼此的心意
是相通的。
我是最了解茂輔的人，
我所做的決定
就是正解。
或許有些部分
稍嫌多餘，
茂～輔!!
來玩親親
嗯喵
不過跟我
生活了十四年的茂輔，
一定能了解吧？
會用語言溝通是人類的優勢，
人與人相處當然
要善用這項能力。
什麼臆測呀、
相應不理之類的，
實在很沒必要……
謝啦！
喔
這是茂輔
教我的道理。
走出陰霾後，
首先要拜訪的
就是塔莉雅女士。

喵——
喵——
這段時間……一直麻煩您了，
也不知道有沒有確實向您道過謝，
真的真的……（省略）……
若沒有塔莉雅女士的協助……
實在無法……（略略略）
真的受到您很多照顧。
非常感謝您！
你就別再謝啦！
遇到那些情況，
不管是誰都無法
從容面對的。
用身體來
回報就好，
不要緊的唷。
唔……
茂輔七七四十九天後，
有空時我會幫忙
塔莉雅女士的
保護活動。
塔莉雅女士！
等我——
保護現場會接觸到
許多生命。
有些現實
也很殘酷。
能好好和茂輔
告別的自己，
或許算是幸運的。

也曾被問「以後不養貓了嗎？」
但像茂輔那樣
與我心意相通的夥伴，
該上哪兒找啊？
岩合先生
匍匐前進～
嗯喵
喵
我與茂輔的相遇，
說是命中註定也不為過。
這種緣分是
可遇不可求的。
嗯咪——
嗯咪——
嗯咪——
嗯咪——
嗯咪——
嗯咪——
嗯咪
是吧？
請好心
人帶我回家
完

番外篇 茂輔與鈴木的80分之79歲月

兩人+一隻

茂輔五歲／鈴木二十五歲 上班族

好可愛喔！

嗯喵

（很高興認識妳）

……

被晾一邊…。

一人+一隻

茂輔兩個月大（推估）／鈴木二十歲 學生

兩條好漢

茂輔十四歲／鈴木三十四歲 上班族

一人+一隻 again

茂輔九歲／鈴木二十九歲 上班族

再次出發 向前走的調適法

本單元彙整出如何克服愛貓離世後的悲傷情緒，以及積極向前走的相關建議！

可以試著這麼做

★做頭七或七七四十九天等，透過宗教儀式來整理情緒！

★跟聊得來的人分享與貓咪的回憶。剛開始可能難掩落寞，不過在分享的過程中將能逐漸找回快樂的回憶……也可與部落格或社群網站認識的網友交流。
過來人是令人心安的聆聽者！

★假裝〇〇！彷彿已離世的貓咪還活著般，維持日常互動或跟貓咪說話。
（記得提醒自己這只是假裝！在他人面前可得小心，笑）

★寫日記或寫下貓咪對抗病魔的紀錄。也可以鉅細靡遺地描述自己的心情。

★訂立每天可以哭泣的時間，例如沐浴時或就寢前等。

★去旅行。盡情嘗試一些養貓時無法進行的活動。

★若經過半年以上還是覺得痛苦，可以參加「寵物失落聚會」這樣的活動，或前往身心內科就診。（請事前先做好調查喔）

可以試著這麼想

★不試圖克服情緒。允許自己盡情悲傷哭泣。不過，工作與生活都不能馬虎。

★不勉強自己，靜待時間發揮療效。

★試想，若自己比貓咪還早死……便能深刻體會到能為貓咪送終是很幸福的。

★老是哭哭啼啼，會讓在天國的愛貓擔心，覺得是自己的錯。

★回顧貓咪過得幸福的點點滴滴，例如家中環境舒適，夏天涼爽、冬天溫暖……貓咪胃口一直都很好等等。

★老是感到追悔莫及會讓愛貓變成「可憐的毛小孩」。（鈴木的調適方式）

★能做的全都做了。

★期許自己能夠笑著回想貓咪、笑著談論與貓咪的回憶。

★將與愛貓相處過程中所學到的事物，積極地應用於現實生活中。（＝感謝）

Item 也可以試著張羅這些物品

★備齊寵物龕、遺照及牌位等。

★製作照片集或原創DVD。

★訂做客製化追思商品。

各種祭拜用具

利用體毛或骨灰加工製成小物、飾品

能裝入骨頭或骨灰的膠囊盒

也可將照片加工製成拼圖等商品！

仿真玩偶、模型、羊毛氈玩偶

New Family 接納新成員

★促使飼主再次向前走的契機，大多是接納了新的毛小孩。不過，覺得抗拒的人似乎也不少。尤其是剛辦完貓咪的後事，失落感尚未痊癒時，根本無心考慮這件事。然而，將已離世的毛小孩所帶來的許多感動，諸如貓咪的魅力以及養貓的幸福等繼續延續下去，或許也能安慰已逝貓咪的在天之靈，而且養了其他貓還能沖淡毛小孩離世的寂寞。如果有機會或有緣相遇的話，別立刻回絕，先稍微考慮看看！貓咪的療癒效果是有目共睹的，喵實力可不容小覷。

期待有朝一日再相會

參與本書製作的獸醫師與超級志工們，都是重症等級的貓奴，
以及經驗老到的寵物前輩（？）們。而且大家都是經歷過臨終期照護的過來人。
儘管有過痛苦回憶，還是愛貓（狗）成痴，希望能讓更多的飼主＆寵物們
每天過得更幸福，而投身本書的製作。
製作期間，對已逝毛小孩的思念總是縈繞在他們心中。
本單元將介紹這些幕後功臣對毛小孩的真情告白與特別感謝。

To 天丸（♀享年14歲）

謝謝妳來到世上與我相遇，也謝謝妳讓我照顧妳走完最後一程。

From 栗田佳織（撰稿人）

對我來說，這是第一隻讓我領教到貓咪魅力的毛小孩。天丸身子比較虛弱，療養時間長達十年，最後因為腦部疾病而過世了。本書的企劃是汲取天丸的療養、看顧、臨終照護等經驗而來的。若本書能對更多的貓咪有所幫助，將是我的榮幸。

To 菜菜子（♀享年4歲）

總是很傲嬌，喜歡無聲地滾來滾去實在太可愛。想妳！

From Nanaon（插畫家）

負責本書的漫畫繪圖。在十分緊湊的進度排程中，催生出可愛到掉渣的乳牛紋茂輔。在此也要感謝Nanaon的愛貓小豆豆，Nanaon本人則是貓屁股愛好者。

To 佐助（♂享年18歲）

愛撒嬌、個性溫和的孩子。謝謝你帶給我這麼多回憶。

From 小野崎理香（插畫家）

負責本書漫畫以外的所有圖畫，巧手揮灑筆觸多變。曾多次參與採訪行程，有時還會帶大家觀光。目前與可愛的黑貓同住。

To Sub（♂享年16歲）

Sub，你是我唯一一隻在醫院過世的貓咪。抱歉……。

From 武原淑子（貓咪志工）

擔任本書的居家照護指導，是真人版塔莉雅女士（但年輕很多）。在保護＆認養手續、照護等方面擁有豐富知識與經驗，讓小編真心想搬到武原家附近。

To 肉球兒（♀享年20歲）

在臍帶未斷狀態下撿獲的任性咬人公主！現在也愛妳！

From 西村知美（獸醫師）

負責本書漫畫中的茂輔病情與治療相關指導。醫師表示故事「實在令人心疼……」每天晚上都跟製作小組一起討論茂輔走向終點前的劇情發展，就連聖誕夜也不例外。

To Kai（狗♀享年13歲）

謝謝妳帶來這麼多歡笑。日後要在彩虹橋一起玩耍唷！

From 荒井桂子（設計師）

擔任內文設計。幾年前照護愛犬走完最後一程，逐漸恢復精神中。整體頁面所感受到的溫馨氣息，或許是拜小Kai所賜。荒井小姐曾問道：「狗狗也能登上這單元嗎？」那當然！

To 亞美力（♂享年9歲）

直到最後都很堅強勇敢，你一直都是媽媽的驕傲喔！

From 古山範子（獸醫師、監修者）

負責監修本書。製作期間適逢醫師正在照護自家貓咪臨終期的階段，對本書的出發點深感認同，並讓製作小組獲得許多勇氣。開車時則走冷硬派路線。

發刊辭

古山範子

獲邀監修本書時，正好是患有先天性疾病、慢性病的愛貓亞美力，逐漸邁向臨終期的階段。終末照護不論經歷過幾次都無法習以為常，面對寵物即將離世往往會抱持著不安，也會產生許多煩惱與迷惘。若是第一次遇到這種情況的飼主，那麼被悲傷與絕望的情緒襲擊、思緒無法運轉也是相當正常的。

但是，與眼前愛貓的生活並非就此中斷。希望大家能把握剩下不多的時光，盡量過得充實有意義，因此我也在書中提出了餐飲方面與居家療養的建議。飼主的用心會像書中的鈴木與茂輔那樣，讓彼此的心變得更加靠近。以我自己為例，看到愛貓開心地吃著我所烹製的餐點，也讓我感受到強韌的生命力，並獲得繼續照顧牠的勇氣。

若家中的貓咪還很健康，相信本書所介紹的餵藥方法或配合高齡期所做的環境調整等，能成為各位日後的參考。再者，透過本書還能進行愛貓被診斷出罹患重症時的模擬體驗，想像一下自己會怎麼做。藉由本書了解自己能做些什麼，萬一遇到狀況時便能派上用場。儘管這是個會讓人想敬而遠之的主題，不過透過漫畫來呈現，在心態上應該會比較容易接受才對。

獸醫師所建議的治療方案，最終還是要由飼主來做抉擇。身為一名飼主，我本身也常常會感到迷惘，後來我體會到，與其只顧自己腦中的想法，不如優先考量從愛貓身上所感受到的一切。鈴木也是領悟到最了解茂輔的人是自己，才毅然決然地做出有關治療的抉擇。雖說有時也會後悔自己所做的選擇，但即便做了別的決策或許還是會心生反悔，所以請千萬別感到自責。能與身邊這個堅韌勇敢又惹人憐愛的生命共度時光，畢竟是很幸福的。

遺憾的是，家中愛貓來不及等本書付梓便離開了。直到最後牠都很有韌性地依照自己的意思過日子，牠的瀟灑離世甚至讓我感到驕傲。我們的離別並沒有伴隨著淚水，我想應該是因為一起度過的歲月十分充實的緣故吧。

我總覺得前往天國的貓咪會默默地守護飼主，牠是最佳的守護者。祈願各位讀者都能與愛貓共度美好的歲月。

Furuyama Noriko
獸醫師●麻布大學獸醫學系畢業。以自製餐點為主題，提倡犬貓養生法。日本獸醫順勢療法學會認證醫師　國際藥膳師

主要參考文獻

《猫奴必備的家庭醫學百科》（野澤延行・著　台灣東販・出版）
《貓咪急症應對手冊》（佐藤貴紀・著　晨星・出版）
《猫が歳をとったと感じたら》（阪口貴彦・監修　高梨奈々・著　誠文堂新光社・出版）
《ネコたちの「看取りの心得」》（山本宗伸・著　メイツ出版・出版）
《老猫さんの医・食・住》（井上緑・著　小形宗次、金安まゆみ・監修　どうぶつ出版・出版）
《老齢猫としあわせに暮らす》（川口國雄・著　山海堂・出版）
《てづくり猫ごはん》（古山範子・監修　大泉書店・出版）
《猫とさいごの日まで幸せに暮らす本》（加藤由子・著　大泉書店・出版）
《猫の学校2　老猫専科》（南里秀子・著　ポプラ社・出版）
《やさしい猫の看取りかた》（沖山峯保・監修　角川春樹事務所・出版）
《ネコの老いじたく》（壱岐田鶴子・著　SBクリエイティブ・出版）

日文版工作人員

構思、內文、漫畫原作：粟田佳織

監修：古山範子（獸醫師）
醫療指導：西村知美（R動物醫院院長）
照護指導：武原淑子（東京都動物愛護推廣員）

插圖：小野崎理香
Nanaon（漫畫）
內文設計：荒井桂子

愛貓的終末照護
雖然不捨，還是要好好的告別。

2019年10月1日初版第一刷發行

編　著　猫日和編輯部
譯　者　陳姵君
編　輯　魏紫庭
發行人　南部裕
發行所　台灣東販股份有限公司
<地址>台北市南京東路4段130號2F-1
<電話>(02)2577-8878
<傳真>(02)2577-8896
<網址>www.tohan.com.tw
郵撥帳號　1405049-4
法律顧問　蕭雄淋律師
總經銷　聯合發行股份有限公司
<電話>(02)2917-8022

國家圖書館出版品預行編目資料

愛貓的終末照護：雖然不捨，還是要好好的告別。/
猫日和編輯部編著；陳姵君譯. -- 初版. --臺北市：
臺灣東販, 2019.10
128面；14.8×21公分
ISBN 978-986-511-138-0（平裝）

1.貓 2.寵物飼養 3.獸醫學

437.364　　108014623